Walter König

DIE GEOLOGIE ALTMÜHLFRANKENS

Landschaftsgeschichte - Ries - Fossilien - Wandertips - Museen

NATURPARK ALTMÜHLTAL

Das Neue Fränkische Seenland

Verlag Walter E. Keller

Titelfoto: Felsgruppe „12 Apostel" bei Solnhofen

Walter König, Diplom-Geograph, studierte in München Geographie, Geologie und Paläontologie. Sein besonderes Interesse gilt der Landschaftsgeschichte und Geologie Altmühlfrankens.

Die Deutsche Bibliothek - CIP-Einheitsaufnahme

König, Walter:
Die Geologie Altmühlfrankens : Landschaftsgeschichte, Ries, Fossilien, Wandertips, Museen / Walter König. - Treuchtlingen : Keller, 1991
 Reihe gelbe Taschenbuch-Führer
 ISBN 3-924828-39-3

2. Auflage
1996 Verlag Walter E. Keller, Treuchtlingen
Alle Rechte der Vervielfältigung und der Verbreitung einschließlich Film, Funk und Fernsehen sowie der Fotokopie, der elektronischen Speicherung und der auszugsweisen Veröffentlichung vorbehalten.
Abbildungen: Walter König S. 8, 9, 11, 13, 15, 17, 19, 21, 25, 29, 33, 35, 37, 60, 62, 65, 69, 71, 79, 85 unten; Bürgermeister-Müller-Museum Solnhofen S. 39, 41, 45, 47, 90, 91; Walter E. Keller Titelfoto, S. 73, 75 (nach Bayer. Landesamt für Denkmalpflege und Talsperren-Neubauamt Nürnberg), 85 oben, 87; Bayer. Geol. Landesamt (aus Prospekt Geologischer Pfad) 54, 55; Josef Mang 57.
Lithos e+r Repro GmbH, Donauwörth
Druck W. Lühker GmbH, Weißenburg
Printed in Germany - 4. - 5. Tausend

ISBN 3-924828-39-3

Gedruckt auf Recycling-Papier und -Karton aus 100 % Altpapier

Inhalt

Naturräumlicher Überblick — 5
Die Entstehung von Schichtstufenlandschaften — 6
Paläogeographie – Gesteine erzählen aus der Erdgeschichte — 14
Trias — 16
Jura — 18
Lias (Unterer oder Schwarzer Jura) — 20
Lias Alpha 1 und 2 – Lias Alpha 3 bis Gamma
Lias Delta – Lias Epsilon – Lias Zeta
Dogger (Mittlerer oder Brauner Jura) — 3
Dogger Alpha – Dogger Beta – Dogger Gamma bis Zeta 35
Malm (Oberer oder Weißer Jura) — 26
Malm Alpha und Beta – Malm Gamma
Malm Delta – Malm Epsilon – Malm Zeta
Theorien zur Entstehung der Solnhofener Plattenkalke — 36
Das Leben im Jurameer — 43
Die Entstehung von Fossilien — 48
Kreide — 49
Verkarstung — 49
Exkurs: Die Jurahochfläche – eine Karstlandschaft — 50
Tertiär — 51
Das Ries — 51
Die Geschichte des Urmains — 59
Quartär — 61
Die Flußlaufverlegung der Donau — 61
Ausflüge in die Erdgeschichte — **63**
Albvorland – Albanstieg – Albhochfläche
Geologischer Aufbau um Weißenburg — 63
Wanderung Wülzburg — 64
Wanderung Rohrberg — 66
Rundfahrt Weißenburg — 67
Treuchtlinger Marmor – Riestrümmermassen – Treuchtlinger Talknoten – Solnhofener Plattenkalke — 72
Radwanderung Treuchtlingen — 72

Wanderung Kiesgrube Nagelberg – Osterdorfer Löcher	76
Autoexkursion Treuchtlingen – Solnhofen – Dollnstein	77

Geologische Lehrpfade — **80**
Geologisch-biologischer Lehrpfad bei Obereichstätt — 80
Feuchtgebietslehrpfad bei Pfünz — 80
Geologischer Pfad Ries und Vorries — 80
Geologischer Lehrpfad Hesselberg — 81
Geologischer Lehrpfad im Ries (Fahrtroute) — 82
Geologischer Lehrpfad Treuchtlingen — 82

Steinbrüche für Fossiliensammler — **83**
Steinbruch Blumenberg bei Eichstätt — 83
Steinbruch Apfelthal — 83
Gemeindebruch Solnhofen — 83

Einschlägige Museen — **86**
Museum Bergér in Schernfeld-Harthof — 86
Sammlung Langenaltheim — 86
Museum auf dem Maxberg bei Solnhofen — 86
Bürgermeister-Müller-Museum in Solnhofen — 86
Juramuseum und ur- und frühgeschichtliches Museum
auf der Willibaldsburg in Eichstätt — 86
Rieskrater-Museum in Nördlingen — 88
Öffnungszeiten und Adressen der Museen — 88

Literaturauswahl — **92**
Erläuterungen der Fachbegriffe — **93**

Naturräumlicher Überblick

Altmühlfranken stellt einen kleinen Ausschnitt aus dem Südwestdeutschen Schichtstufenland dar. Dieses erstreckt sich zwischen Schwarzwald und Odenwald im Westen, dem Alten Gebirge – das sind Frankenwald, Fichtelgebirge, Oberpfälzer, Bayerischer und Böhmerwald – im Osten, zwischen der Donau im Süden und der Spessart-Rhön-Schwelle im Norden.
Der geologische Aufbau dieser Schichtstufenlandschaft ist in seinen Grundzügen einfach. Er wird bestimmt durch eine Abfolge von Ablagerungen aus dem Erdmittelalter über dem geologischen Unterbau, dem Grundgebirge. Eine Schicht nach der anderen kam übereinander zu liegen. Später wurden diese Schichten festländisch. Durch eine großräumige Aufwölbung des Untergrunds mit Zentrum Oberrheintal wurden sie gehoben und dabei leicht nach Südosten gekippt. Durch die nachfolgende Abtragung wurde aus ihnen die heutige Landschaft modelliert.
Nach Jahrmillionen der Abtragung präsentiert sich Südwestdeutschland, würde man es vom Oberrheintal aus von Westen nach Osten schneiden, als eine liegende Treppe. Infolge der leichten Schrägstellung der Gesteinspakete treten ostwärts immer jüngere Schichten zutage. Die härteren und damit gegenüber der Abtragung widerstandsfähigeren Schichten wurden zu sogennannten „Schichtstufen" herausgearbeitet. Stufenbildner sind harte Gesteinspakete innerhalb Buntsandstein, Muschelkalk, Keuper, Lias, Dogger und Malm. Die Stirn jeder Stufe zeigt in westliche Richtung, die Stufenfläche ist leicht in östliche Richtung geneigt.
Es entstand also eine Schichtstufenlandschaft, die auf den Oberrheinischen Grabenbruch als Zentrum einer Aufwölbung des Schichtenkomplexes ausgerichtet ist. Dieses Gebilde setzt sich übrigens spiegelbildlich im nordfranzösischen Schichtstufenland fort.
Schichtstufenlandschaften in zahlreichen Varianten treffen wir überall dort auf der Erdoberfläche an, wo der Gesteinsaufbau durch geneigte oder auch horizontal lagernde Schichten wech-

selnder Gesteinshärte gekennzeichnet ist. Markante Formen dieses Landschaftstyps sind einerseits mehr oder weniger deutlich ausgebildete Steilanstiege (Schichtstufen), andererseits mehr oder weniger ausgedehnte, schwach einfallende oder horizontale Flächen. Im allgemeinen sind die Schichtstufen an widerständiges Gestein, insbesondere Kalkstein und Sandstein, geknüpft. Die Flächen hingegen, auch wenn sie vielfach auf größere Strecken über das widerständige, stufenbildende Gestein hinwegziehen, sind in ihrer Entstehung an wenig widerständiges Gestein, vor allem Mergel, Tone und Schiefertone, gebunden. Das Formenbild einer Schichtstufenlandschaft zeigt damit eine deutliche Abhängigkeit vom geologischen Bau. Es ist deshalb ein Musterbeispiel für strukturbedingte Oberflächenformen, auch wenn verbreitet im Schichtstufenrelief Skulpturformen – das sind Oberflächenformen, die von der Struktur unabhängig sind – vorkommen.

Die Entstehung von Schichtstufenlandschaften

Über die Entstehung von Schichtstufenlandschaften wurden im Laufe der Forschungsgeschichte die unterschiedlichsten Theorien entwickelt.
Forschungen aus der ersten Hälfte des 19. Jahrhundert sahen bereits erstmals einen engen Zusammenhang zwischen Oberflächenformen und Gesteinsuntergrund. Als Entstehungsursache für die Südwestdeutsche Schichtstufenlandschaft betrachtete man die Heraushebung von Schwarzwald, Odenwald, Vogesen sowie des überlagernden Deckgebirges. Die Steilränder des Keupers und der Alb wurden als Meeresränder gesehen, die heutige Landoberfläche entspräche dem damaligen Meeresboden.
Im ausgehenden 19. Jahrhundert haben sich zwei voneinander abweichende Auffassungen herausgebildet. Nach der einen sind alle Formen des Südwestdeutschen Schichtstufenreliefs

einschließlich der Stufenränder Strukturformen, also abhängig vom Gestein, nach der anderen sind zumindest die Stufenflächen Skulpturformen, also unabhängig vom Untergrund.

Ein alter Erklärungsversuch stammt von dem amerikanischen Geologen William Morris Davis. Nach seiner seit 1899 entwickelten Zykluslehre durchläuft jedes Teilstück der festen Erdoberfläche in bezug auf seine Reliefentwicklung einen oder mehrere „geographische Zyklen" Ein geographischer Zyklus beginnt mit dem tektonisch bedingten Auftauchen eines Meeresbodens, der damit zur Landoberfläche wird. Diese wird mit fortschreitender Hebung abgetragen. Während eines normalen Zyklus unterscheidet Davis junge, reife und alte Stadien. Am Ende dieser Entwicklung steht die Fastebene, auch als Peneplain oder Rumpffläche bezeichnet, eine flachwellige, nur wenig über dem Meeresspiegel gelegene Oberflächenform.

Für die Deutung des Schichtstufenreliefs im Rahmen der Davis'schen Zyklenlehre ist die Annahme von zwei tektonisch bedingten Zyklen Voraussetzung.

Ausgangslandschaft für die Entwicklung eines Schichtstufenreliefs ist die Peneplain, die die schwach geneigten, unterschiedlich widerständigen Gesteine überzieht. Durch erneute Belebung der Abtragung infolge Hebung wird aus der Peneplain das Schichtstufenrelief herausmodelliert. Durch die Anlage von Tälern, ferner durch die relativ schnelle Abtragung wenig widerständiger Schichten und durch die relativ langsame Abtragung der widerständigen Gesteine ergibt sich die große Abhängigkeit des gesamten Gesteinsreliefs von der Gesteinslagerung.

Aus den ersten Jahrzehnten des 20. Jahrhunderts stammt die klassische Schichtstufentheorie. Sie ist in erster Linie an den deutschen Geographen Schmitthenner geknüpft. Er kam durch Beobachtungen an der Buntsandstein-Stufe des nördlichen Schwarzwaldes zu der Auffassung, daß die Stufen rückwandern. Dies sei einerseits durch lineare Quell-Erosion, andererseits durch flächenhaft wirkende Ausspülungsvorgänge des Sickerwassers und durch Kriechbewegungen des Lockermaterials hervorgerufen. Durch das Rückwandern der Schichtstufen entstünden die Landterrassen (Stufenflächen).

Geologische Karte von Bayern

(nach Bay. Geologisches Landesamt)

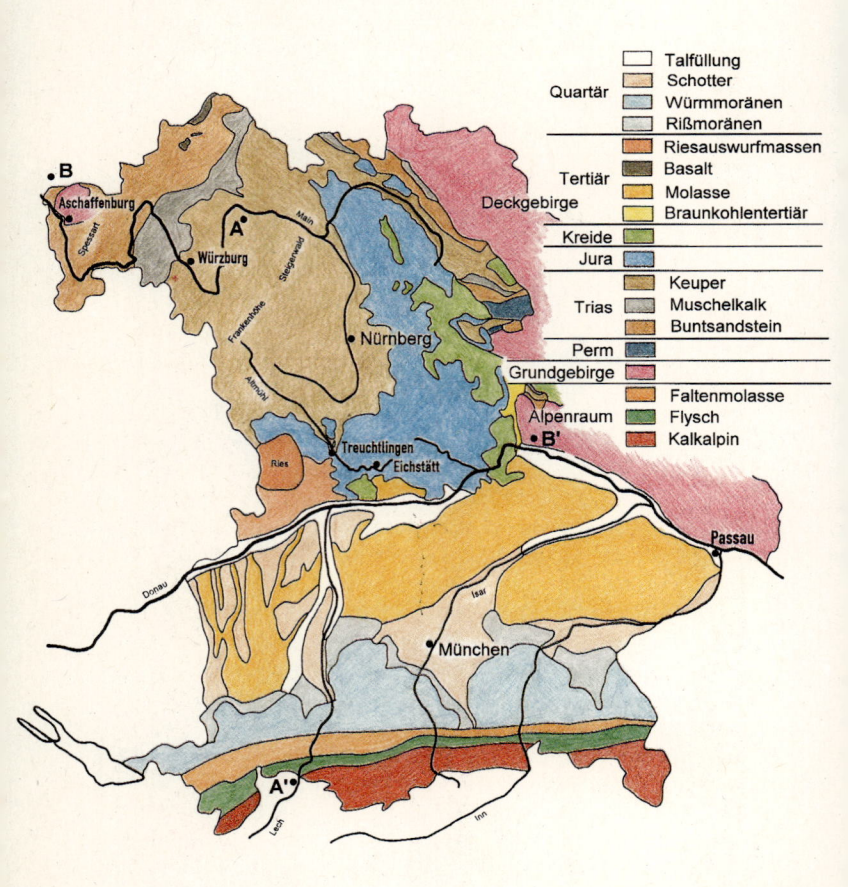

Quartär	Talfüllung / Schotter / Würmmoränen / Rißmoränen
Tertiär Deckgebirge	Riesauswurfmassen / Basalt / Molasse / Braunkohlentertiär
	Kreide
	Jura
Trias	Keuper / Muschelkalk / Buntsandstein
	Perm
Grundgebirge	
Alpenraum	Faltenmolasse / Flysch / Kalkalpin

Geologische Profile Bayern
(ca. 15fach überhöht)

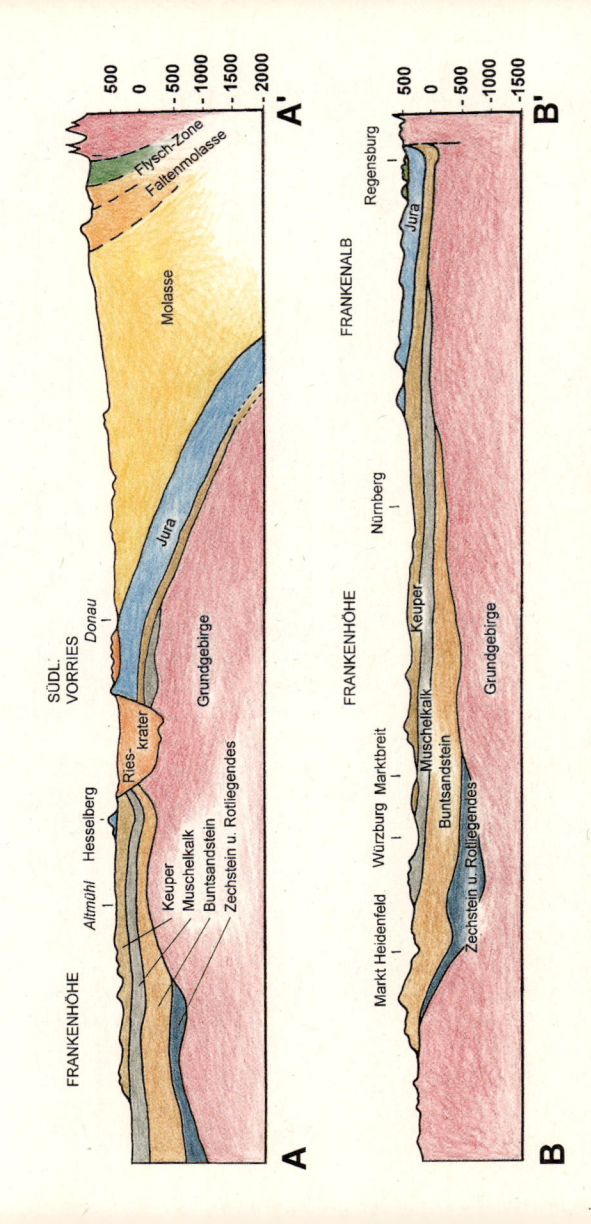

Profil A–A':
FRANKENHÖHE — Altmühl — Hesselberg — SÜDL. VORRIES — Rieskrater — Donau — A'

Schichten: Keuper, Muschelkalk, Buntsandstein, Zechstein u. Rotliegendes, Grundgebirge, Jura, Molasse, Faltenmolasse, Flysch-Zone

Höhenangaben: 500, 0, -500, -1000, -1500, -2000

Profil B–B':
FRANKENHÖHE — Markt Heidenfeld — Würzburg — Marktbreit — FRANKENHÖHE — Nürnberg — FRANKENALB — Regensburg — B'

Schichten: Zechstein u. Rotliegendes, Buntsandstein, Muschelkalk, Keuper, Jura, Grundgebirge

Höhenangaben: 500, 0, -500, -1000, -1500

Des weiteren erkannte er, daß bei geneigter Schichtlagerung die Stufenflächen Schnittflächen sind, da sie vom widerständigen Gestein des Stufenbildners in das darüber liegende, weichere Gestein des nächsten Stufensockels hineinziehen. Das Schichtstufenland sei durch sukzessive Heraushebung einer Scholle und sukzessiver Befreiung von den Deckgebirgsschichten entstanden.

Die erste und älteste Schichtstufe ist der Anstieg zur Fränkischen (bzw. Schwäbischen) Alb. Sie entstand bei der erosiven Zerschneidung eines schräggestellten, wechselnd widerständigen Schichtpakets. Gleichzeitig bildete sich die oberste, älteste Landterrasse im stratigraphisch jüngsten Gestein. Diese Schichtstufe wäre also nach Schmitthenner vom Oberrheintal bis zu ihrer derzeitigen Lage zurückgewandert, die jüngeren Stufen seien entsprechend entstanden. Schmitthenner zeigte, daß zur Herausbildung einer Schichtstufenlandschaft die Annahme einer Kappungsebene wie bei Davis nicht notwendig sei.

Neue Impulse in der Diskussion brachte der deutsche Geograph Julius Büdel, der die Erkenntnis berücksichtigte, daß in unterschiedlichen Klimaten unterschiedliche Abtragungsmechanismen vorherrschen. Er betrachtete das Fränkische Schichtstufenland als eine Treppe von Rumpfflächen, die alle unter wechselfeuchten Klimaten, wie sie während der Tertiärzeit hier herrschten, gebildet wurden. Das älteste, durch Flächenbildung entstandene Landschaftselement ist die Hochfläche der Alb. In diese älteste Fläche hätten sich die jüngeren eingetieft.

Nach der Büdelschen Deutung liegen die Schichtstufen schon immer dort, wo sie auch heute noch anzutreffen sind. Eine Stufenrückverlegung, wie es die klassische Schichtstufentheorie verlangt, entfällt bei ihm.

Auch heute ist man sich bei der Deutung der Entstehung von Schichtstufenlandschaften uneinig. Festzustehen scheint jedenfalls, daß sich die Abtragung und damit die Modellierung einer Landschaft in den verschiedenen Klimabereichen unter jeweils klimageomorphologisch spezifischen Prozessen vollzieht.

Bei der Formenanalyse der Schichtstufen und Schichtflächen in der Südwestdeutschen Schichtstufenlandschaft gilt als gesi-

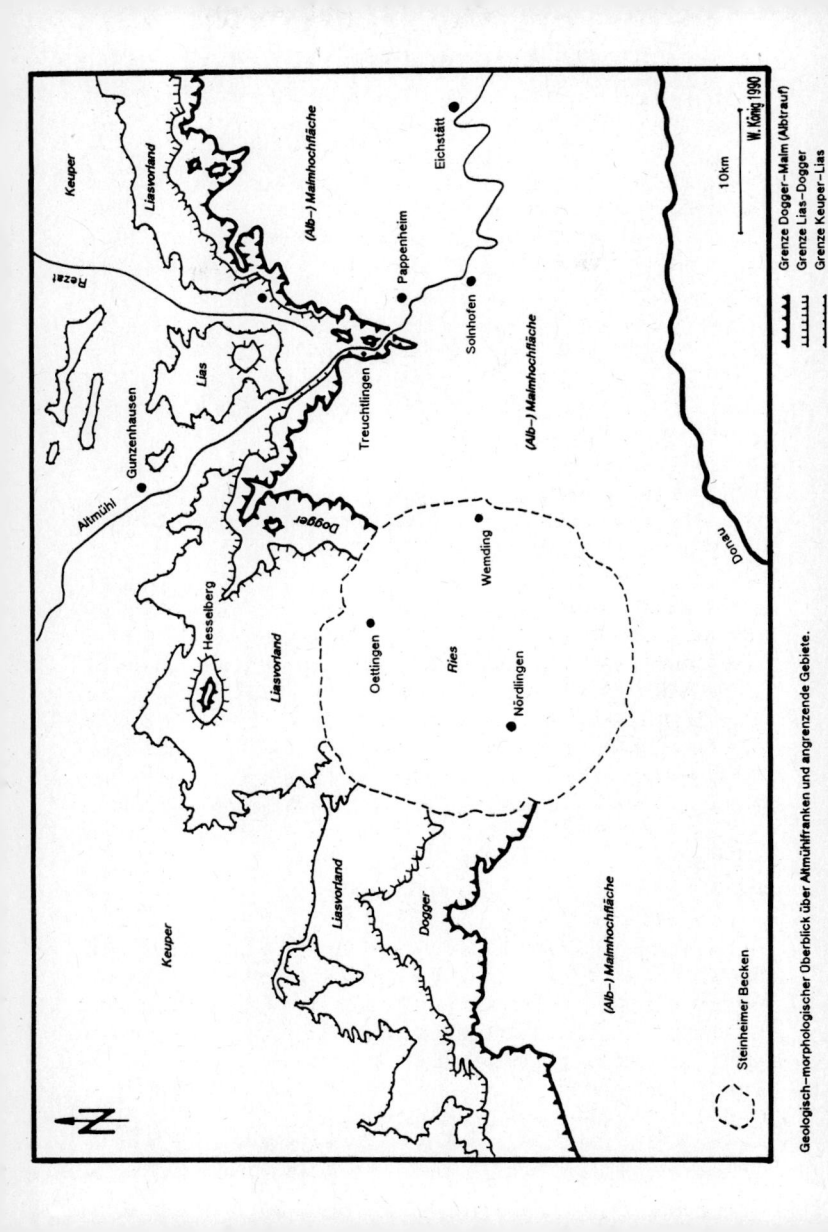

Geologisch-morphologischer Überblick über Altmühlfranken und angrenzende Gebiete.

chert, daß die Großformen voreiszeitlich gebildet wurden, die Formung der Stufenhänge, Stufenflächen und Täler aber während der Eiszeiten erfolgte.

Landschaftlich stellt Altmühlfranken einen Ausschnitt aus der Südlichen Frankenalb und ihrem nördlich vorgelagerten Albvorland dar. Fährt man beispielsweise von Gunzenhausen über Weißenburg nach Eichstätt, so durchquert man die drei typischen geologisch-morphologischen Einheiten, die diese Landschaft gliedern: im Westen von Weißenburg, beispielsweise zwischen Theilenhofen und Ellingen, ein weites, flachwelliges Vorland; östlich Weißenburg befindet sich ein 150 bis 200 Meter hoher Steilanstieg, und an diesen schließt sich eine Hochfläche an.

Diese drei Landschaftseinheiten werden aus Gesteinen aufgebaut, die während der Jurazeit, also vor 190 bis 135 Millionen Jahren, abgelagert wurden. Im Vorland treten die Ablagerungen des Schwarzen Juras (= Lias) zutage, der untere Teil des Steilanstiegs ist aus Gesteinen des Braunen Juras (= Dogger) und der obere Teil des Steilanstiegs aus Weißem Jura (= Malm) aufgebaut. Die sich an den Albtrauf anschließende, ebenfalls aus Malm aufgebaute Albhochfläche senkt sich langsam nach Süden. Südlich der Donau wurden die Ablagerungen der Jurazeit infolge der Alpenorogenese (= Gebirgsbildung) in den Untergrund gedrückt und mit jüngeren Sedimenten überlagert. Am Alpenrand bei Miesbach liegt die Juraoberkante, wie sich bei Tiefbohrungen herausstellte, schon bei 5000 Metern unter NN.

Geologisches Profil Nagelberg

(ca. vierfach überhöht)

Oberer Jura = Malm
- Mittlere Kimmeridge-Schichten (tieferer Teil) (Tieferer Malm Delta = Treuchtlinger Marmor)
- Untere Kimmeridge-Schichten (Malm Gamma, Schichtkalke)
- Oxford-Schichten (Malm Alpha und Beta)

Mittlerer Jura = Dogger
- Bajoc- bis Callov-Schichten (Dogger Gamma bis Zeta, u.a. Ornatenton)
- Obere Aalen-Schichten (Dogger Beta = Eisensandstein)
- Untere Aalen-Schichten (Dogger Alpha = Opalinuston)

Paläogeographie – Gesteine erzählen aus der Erdgeschichte

Die am Aufbau des Südwestdeutschen Schichtstufenlandes beteiligten Gesteine sind nicht nur unterschiedlichen Alters, sondern auch unterschiedlicher Ausprägung und mit jeweils typischem Fossilinhalt. So kann der Wissenschaftler herausfinden, ob sie unter Festlands- oder Meeresbedingungen abgelagert wurden, oder welche Klimaverhältnisse, Wassertiefe, Küstenentfernung oder Meeresströmung beispielsweise zur jeweiligen Zeit herrschten.

Die Entstehung einer Landschaft als das Ergebnis einer langen Entwicklung versteht man am besten, wenn man die Erdgeschichte wie einen Film ablaufen läßt. Doch bevor wir einen kurzen Ausflug in die Erdgeschichte machen, müssen vorher noch zwei Begriffe geklärt werden. Das Grundgebirge, heute beispielsweise im Alten Gebirge oder im Schwarzwald an die Erdoberfläche tretend, bildet den geologischen Unterbau ganz Nordbayerns. Es handelt sich um Gesteine aus dem Erdaltertum, deren innere Struktur von der Variskischen Gebirgsbildung vor etwa 300 Millionen Jahren bestimmt ist. Das Deckgebirge liegt dem Grundgebirge auf. Es handelt sich im wesentlichen um Meeresablagerungen aus dem Erdmittelalter, vor allem aus der Trias- und Jurazeit. Nach der Verfestigung dieser Ablagerungen und ihrer tektonischen Hebung über den Meeresspiegel wurde aus diesen Schichten in der bis heute andauernden Festlandsperiode das Südwestdeutsche Schichtstufenland geschaffen.

Will man die Ablagerungsgeschichte Altmühlfrankens wie einen Film ablaufen lassen, müssen wir uns zuerst einmal das ganze Deckgebirge wegdenken, das Rad der Erdgeschichte um 250 Millionen Jahre zurückdrehen. Etwa an der Wende von der Perm- zur Triaszeit wollen wir mit unserem Rückblick beginnen.

Geologische Zeittafel
(ab dem Erdmittelalter)

Mio. Jahre	Ära	Formation	Abteilung	Ereignisse
2,4	Erdneuzeit	Quartär	Holozän	Nacheiszeit
			Pleistozän	Eiszeitalter Verlagerung der Urdonau an den Südrand der Alb Anschluß des Urmains an den Rhein und Übernahme des Tales durch die Altmühl.
		Tertiär	Pliozän	Neuer Zusammenfluß von Urdonau und Urmain bei Dollnstein
			Miozän	Aufstau des Urmains Ries-Meteoriten-Einschlag Urmain fließt zur Donau
			Oligozän	Die Ablagerungen der Jurazeit sind inzwischen zu Festland geworden und verkarsten intensiv.
			Eozän	
65			Paleozän	
141	Erdmittelalter	Kreide		
		Jura	Oberer Jura (Malm)	Süddeutschland ist ein Teilbecken des erdmittelalterlichen Mittelmeers (die Alpen gibt es noch nicht!). Karbonatische Sedimente
			Mittlerer Jura (Dogger)	Ablagerung überwiegend küstennaher Sedimente
			Unterer Jura (Lias)	Ablagerung von anfangs küstennahen, später küstenferneren Sedimenten
195		Trias	Keuper	Ablagerung von festländischen Sedimenten
			Muschelkalk	Ablagerung von marinen karbonatischen Sedimenten
232			Buntsandstein	Ablagerung von festländischen Sedimenten

Trias

Die Triaszeit hat ihren Namen von der Dreiteilung dieser Periode in Buntsandstein, Muschelkalk und Keuper. Während der Trias-zeit bildete zwischen dem heutigen Schwarzwald und dem Bayerischen Wald das Grundgebirge, in diesem Abschnitt der Erdgeschichte als „Vindelizisches Festland" bezeichnet, die Erdoberfläche in Süddeutschland. Nördlich davon entstand durch Absenkung das „Germanische Becken", das sich in seiner Ausdehnung überwiegend auf den deutschen Raum beschränkte. In diesem Becken begann die Ablagerung der Deckgebirgsschichten. In dieses zeitweise abgeschlosse, zeitweise mit dem Meer in Verbindung stehende flache Sedimentationsbecken wurden so teils typisch festländische Abtragungsprodukte wie Sande und Tone geschüttet, zeitweise kam es zur Ausbildung reiner Flachmeerablagerungen wie z.B. Kalk, teilweise trocknete dieses Becken aber auch unter Ausscheidung von Salzen und Gips aus.

Die überwiegend roten Sandsteinablagerungen aus der Buntsandsteinzeit Süddeutschlands entstanden in einer großräumig ausgedehnten Flußebene. Der weitgehend festländische Charakter der buntsandsteinzeitlichen Bildungen endete an der Wende zur Muschelkalkzeit. Von Osten her bekam das Germanische Becken Verbindung mit dem Tethysmeer, die ausgedehnte Flußebene verschwand zunehmend durch das vordringende Meer und marine Verhältnisse setzen sich durch. Mächtige Kalke, oftmals mit „Muschelpflastern", also dicht nebeneinanderliegenden Muschelschalen (daher der Name Muschelkalk), aber auch durch zeitweise hohe Verdunstung entstandene Steinsalzvorkommen, zeugen von dieser Zeit. Am Ende der Muschelkalkzeit verflachte das Meer wieder. Zurück blieb während der Keuperzeit ein mehr oder weniger seichtes Binnenmeer, das durch mehrfaches Oszillieren gekennzeichnet war. Die Ablagerungen sind durch diesen Milieuwechsel, teils Meeres-, teils Flußablagerungen, die zudem örtlich und zeitlich wechselten, charakterisiert.

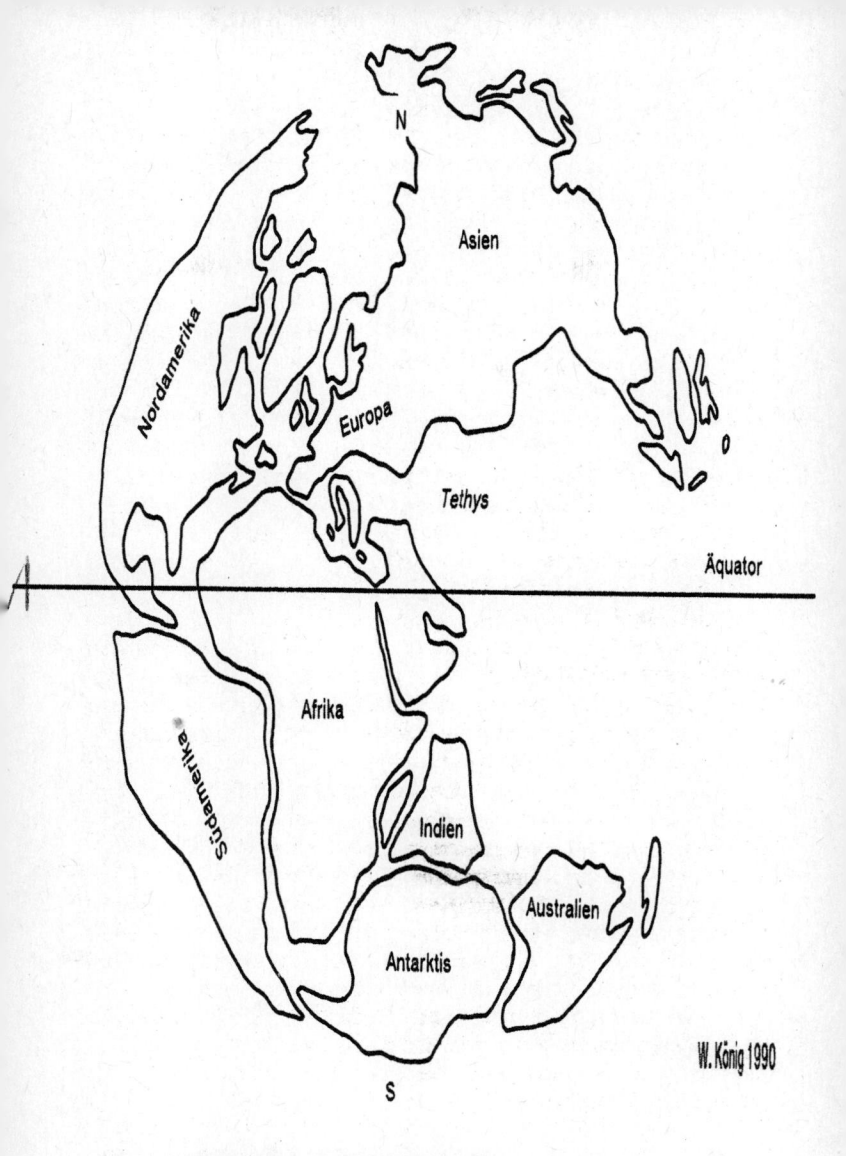

Die vermutliche Verteilung der Kontinente zur Jurazeit

Die Schichten der Triaszeit bilden einen Großteil des Südwestdeutschen Schichtstufenlandes. In Altmühlfranken fand vielfach der zum Keuper gehörende Burgsandstein, aus dem auch die Nürnberger Burg erbaut ist, als Baumaterial Verwendung und prägte so den typischen architektonischen Charakter der Keuperlandschaften mit.

Während der Triaszeit lag Altmühlfranken immer mehr oder weniger am Beckenrand, also im nördlichen Küstenbereich des Vindelizischen Festlandes, so daß die Ablagerung dieser Zeit im Untergrund entweder geringer mächtig als im Beckeninneren oder teilweise überhaupt nicht ausgebildet sind.

Gegen Ende der Triaszeit sank das Germanische Becken erneut ab. Es wurde mit Beginn der Jurazeit wieder vom Meer überflutet. Damit begann dann die Sedimentation der Gesteine, aus denen im wesentlichen Fränkische und Schwäbische Alb sowie das Albvorland aufgebaut sind.

Jura

Beginnend vor 195 Millionen Jahren erfolgte für etwa 50 Millionen Jahre der Vorstoß des Jurameeres. Es drang von Norden großräumig ins Vindelizische Land und sein Vorland ein. Anfangs wurden deshalb noch küstennahe, also sandige und grobsandige Abtragungsprodukte abgelagert, später folgten allmählich Meeressedimente wie z.B. kalkige Gesteine oder marine Tonsteine. Vergleichsweise kleine Ablagerungsmächtigkeiten lassen aber auf eine geringe Beckentiefe und Entfernung zum Beckenrand schließen. Erst die mächtigen Opalinustone aus der Doggerzeit wurden unter marinen Bedingungen abgesetzt. Darüber lagernde sandige Sedimente weisen jedoch wieder auf eine Verflachung des Meeresbeckens hin.

Diese Situation änderte sich mit der beginnenden Malmzeit jedoch grundlegend. Das Tethysmeer – das heutige Mittelmeer ist ein kleiner Rest dieses Ozeans – dehnte sich von Süden her nach Norden hin aus und überflutet das Vindelizische Land vollständig. Dadurch erhielt das während Lias und Dogger in Süd-

Jura-Schichtfolge in Altmühlfranken

Abteilung	Stufengliederung international	Gliederung n. Quenstedt	Gesteine
Malm	Tithon	ζ	Solnhofener Plattenkalke
	Kimmeridge	ε	Treuchtlinger Marmor
		δ	
		γ	
	Oxford	β	Werkkalk
		α	Impressamergel
Dogger	Callovium	ζ	
	Bathonium	ε	
	Bajocium	δ	
		γ	
	Aalenium	β	Eisensandstein
		α	Opalinuston
Lias	Toarcium	ζ	
		ε	Posidonienschiefer
	Pliensbachium	δ	Amaltheenton
		γ	
	Sinemurium	β	
	Hettangium	α	Arietensandstein

W. König 1990

deutschland ausgebildete flache Meer direkte Verbindung mit dem kalkreichen Tiefenwasser der Tethys. In Altmühlfranken, sozusagen die Nordküste des Mittelmeeres, wurden unter tropischen Klimaverhältnissen und Wassertemperaturen vorwiegend geschichtete Kalke und Dolomite abgelagert. Oberhalb des Treuchtlinger Marmors verliert sich die Bankung jedoch allmählich und Schwamm-Algen-Riffe begannen darüber emporzuwachsen. Dadurch bildete sich schließlich ein starkes untermeerisches Relief mit Schwellen und Wannen aus. In einer dieser Wannen wurden die feinstgeschichteten Solnhofener Stillwasser-Plattenkalke mit ihren weltberühmten Fossilien gebildet. Die Gesteine des Juras werden nach ihrer vorherrschenden Farbe auch in Schwarzer Jura (Lias), Brauner Jura (Dogger) und Weißer Jura (Malm) unterteilt. Da sie das Albvorland und den mächtigen Albkörper mit seinen weithin bekannten Kalkgesteinen aufbauen, soll auf diese Periode der Erdgeschichte näher eingegangen werden.

Lias (Unterer oder Schwarzer Jura)
Im Lias erfolgte die schrittweise, von Norden nach Süden fortschreitende Überflutung des Festlandes. Das hatte räumlich und zeitlich unterschiedliche Sedimentationsbedingungen zur Folge. An einem Punkt A, der soeben vom Meer erreicht und überflutet wurde, werden zunächst grobe, sandige, vom nahen Festland stammende Abtragungsprodukte abgelagert. Schreitet nun die Überflutung weiter voran, so rückt die Küste immer weiter von unserem Punkt A weg, der dadurch in eine tiefere Lage im sich vergrößernden Meeresbecken gelangt. Durch die größere Entfernung von der Küste und der damit verbundenen größeren Transportweite und sinkenden Transportkraft gelangen nur noch leichtere Teilchen zu unserem Punkt. Die vorher abgelagerten groben Teilchen werden von den feineren, beispielsweise Tonen, überdeckt. Auf diese Weise kommen gleichzeitig unterschiedliche Teilchen zur Ablagerung: vom Beckenrand zum Bekeninneren hin werden die Sedimente zunehmend feiner. An unserem Punkt A kommen dadurch in dieser Überflutungsphase zuunterst sandige, darüber zunehmend

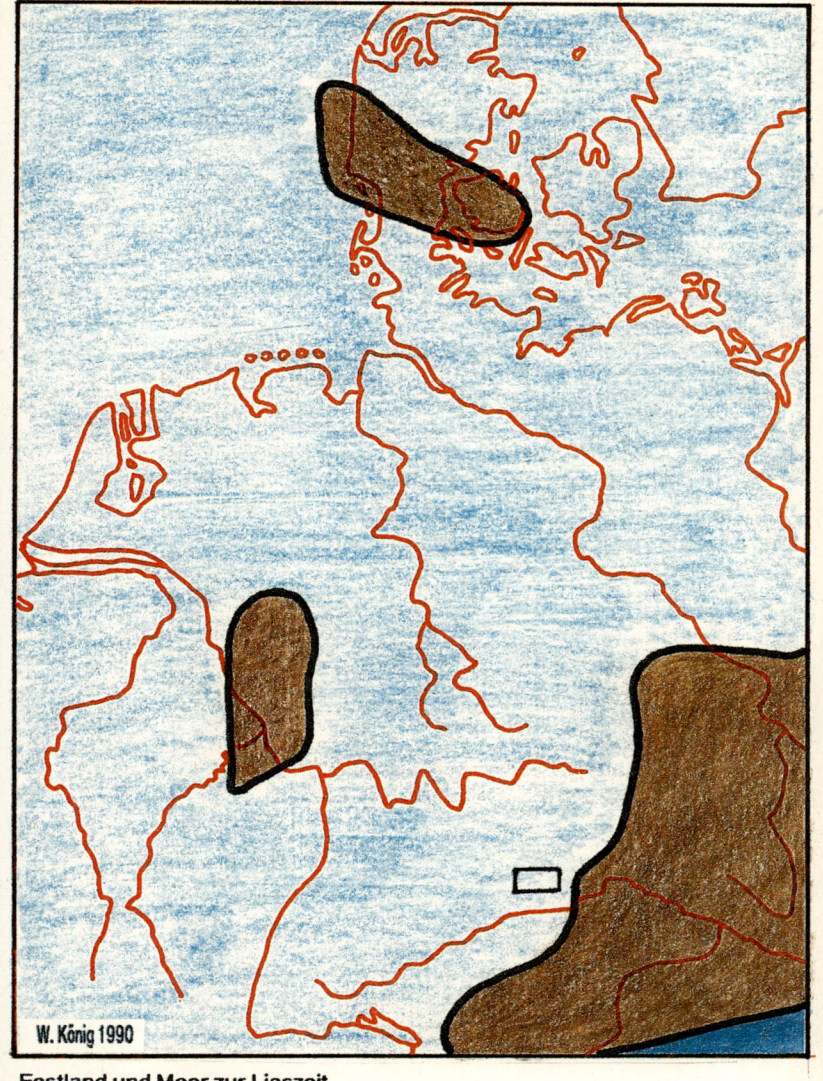

Festland und Meer zur Liaszeit

- Festland
- Tethys (offener Ozean)
- Meer
- Altmühlfranken

W. König 1990

tonige Teilchen zur Ablagerung.

Lias Alpha 1 und 2 fehlen im Raum Weißenburg vollkommen. Das bedeutet, daß sie entweder überhaupt nicht zur Ablagerung kamen oder aber vor der Ablagerung von Lias Alpha 3 bereits wieder abgetragen wurden.

Lias Alpha 3 bis Lias Gamma (= Arietensandstein bis Numismalisschichten): Diese Schichten werden sinnvollerweise zusammengefaßt, da sie zum einen im Gelände wegen ihrer geringen Erschlossenheit schlecht zu kartieren, sie zum anderen nur gering mächtig sind. Lias Alpha 3 (Sinemur-Kalksandsteine oder Arietensandstein) ist ein harter, dicht mit Quarzkörnern durchspickter Sandstein. Er ist plattig bis bankig ausgebildet, im bergfrischen Zustand blaugrau, bei Verwitterung dunkelrostbraun. Westlich der Rezat bildet diese Einheit flächenhaft im Gebiet Alesheim, Trommetsheim bis Stopfenheim den Untergrund. Des weiteren findet man beispielsweise 1,6 bis 1,8 Meter dicke, eisenhaltige Kalksteinbänke an der Böschung im Ortsbereich Weiboldshausen an der Straße nach Weißenburg. Lias Beta ist nur gering mächtig (wenige Dezimeter) und besteht im wesentlichen aus Kalksandstein. Lias Gamma (Numismalisschichten) besteht vorwiegend aus fossilreichen graublauen bis dunkelgrauen Kalkplatten, die graubraun bis ockergrau anwittern. Ihre Mächtigkeit liegt um zwei Meter. Die Gesamtmächtigkeit von Lias Alpha 3 bis Lias Gamma beträgt etwa 5 Meter.

Lias Delta: Unter marinen Bedingungen wurde der in seiner Zusammensetzung sehr monotone Amaltheenton abgesetzt. Er besteht überwiegend aus blau- bis dunkelgrauen Tonsteinen, die schiefrig ausgebildet sind. Obwohl die Aufschlüsse spärlich sind, tritt der Amaltheenton häufig im Stadtgebiet von Weißenburg in Baugruben zutage. Die Mächtigkeit beträgt um 20 Meter.

Lias Epsilon: Die Posidonienschiefer werden überwiegend von dunkelgrauen bis grünen, meist dünnplattigen Schiefertonen und Kalk- oder Mergelbänkchen gebildet. Bekannt ist diese Stufe vor allem durch ihren Reichtum an Versteinerungen. Namengebend ist die häufig vorkommende, kleine Posidonienmuschel. Leitfossilien sind Ammoniten der Gattung Dactylioceras.

Bei Holzmaden am Anstieg zur Schwäbischen Alb und bei Banz in der Fränkischen Alb hat man in dieser Schicht die bekannten Ichtyosaurier und andere Reptilien gefunden. Die geschätzte Mächtigkeit des Lias Epsilon liegt bei 3,5 bis 4 Meter.
Lias Zeta: Die fossilreichen Jurensismergel bestehen aus grauen und rostfarbigen Mergeln und Tonschiefern mit eingeschalteten Kalkbänkchen und Phosphoritlagen. Die geschätzte Mächtigkeit liegt bei 1,5 Meter. Die Jurensismergel bilden morphologisch einen flachen Anstieg nach der Verebnung im Amaltheenton und treten damit als terrassenartige Stufe vor dem folgenden Doggeranstieg hervor.
Insgesamt sind die im Albvorland auftretenden Ablagerungen aus der Liaszeit etwa 30 Meter mächtig.

Dogger (Mittlerer oder Brauner Jura)
Der Braune Jura ist benannt nach den tiefbraunen Verwitterungsfarben, besonders seiner oberen Schichten. Diese Farbe ist eine Folge des hohen Eisengehalts, der sich sogar zu kleinen Eisenerzflözen anreichern kann.
In der Doggerzeit herrschten zunächst ähnliche Sedimentationsbedingungen wie in der Liaszeit. In einem etwas tieferen, ständig absinkenden Stillwasserbecken wurden zunächst die mächtigen, dunklen und fossilarmen Opalinustone abgesetzt. Das Zentrum des Dogger-Alpha-Beckens lag nördlich des Bodensees, seine Ostküste verlief etwas östlich der Linie München-Regensburg. Zur Zeit des Dogger Beta hat sich die Küste weiter nach Südosten verschoben. Im jetzt aber wieder flacher werdenden Ablagerungsbecken wurden unter kräftiger Wasserbewegung die vom Böhmischen Festland gelieferten Sande des Eisensandsteins abgelagert. Im Dogger Gamma bis Zeta hörten die starken Sandschüttungen durch die Abtrennung des Böhmischen Festlandes im Nordosten des Vindelizischen Festlandes auf. Im seichten Wasser wurden bei teilweisen Sedimentationspausen die Schichten des Oberen Dogger abgelagert.

Dogger Alpha: Der Opalinuston ist aus einer monotonen Folge von dunkelgrauen bis blaugrauen Tonschiefern bzw. Mergeltonen zusammengesetzt. Häufig eingelagert sind Mergelkalkkonkretionen und Toneisengeoden, beides unregelmäßig geformte Körper mineralischer Substanz, die aus zirkulierenden Lösungen ausgeschieden wurden. Der Opalinuston mit seinen sanften Wiesen bildet in der Regel den Beginn des Steilanstiegs zum Albtrauf, so auch den Beginn des Steilanstiegs zu Rohrberg, Wülzburg und Ludwigshöhe bei Weißenburg oder den Sockel des Flüglinger Berges bei Weimersheim. Die geschätzte Mächtigkeit des Opalinustons dürfte bis zu 80 Meter betragen. Seine obere Abgrenzung ist wegen mehrfach zwischengelagerter sandiger Lagen schwierig, im Gelände jedoch stets durch einen Quellhorizont (Wasseraustritte oder Naßzonen) gekennzeichnet.

Dogger Beta: Über dem Opalinuston bildet der Doggersandstein (Eisensandstein) stets einen Steilanstieg.

Die Benennung erfolgte nach den tiefroten Eisenerzflözen. Der Eisensandstein ist arm an Fossilien, am häufigsten findet man noch die kleine Muschel Pecten personatus Goldfuß. Leitfossil ist der Ammonit Ludwigia murchisoni Sowerbyi.

Der Eisensandstein steht beispielsweise bei Weißenburg auf halber Höhe der Wülzburg, am Rohrberghang unterhalb des Bismarckturms und am Hang der Ludwigshöhe an. Im Treuchtlinger Bereich bildet er den Sockel des Nagelberges sowie des Albtraufs zwischen Markhof, Dettenheim und Schambach. Die Gipfelschichtpakete von Flüglinger und Trommetsheimer Berg westlich von Weißenburg sind ebenfalls aus ihm aufgebaut. Aufschlüsse sind nicht sehr zahlreich und meist verfallen. Ehemalige Sandgruben befinden sich beispielsweise am West- und am Südhang des Nagelberges.

Der Eisensandstein besteht aus gelben bis rostgelben und ockerfarbenen, meist feinkörnigen Sandsteinen unterschiedlicher Festigkeit. Gelegentlich eingelagert sind Kalksteine und Tone. Eine Besonderheit in den Sandsteinen sind die Eisenflöze, die in unterschiedlichem Niveau und unterschiedlicher Mächtigkeit vorkommen. Sie bestehen aus roten bis rotvioletten Eisenooiden – schalig aufgebauten Kügelchen -, deren Durchmesser meist kleiner als ein Millimeter ist. Sie können in dicht-

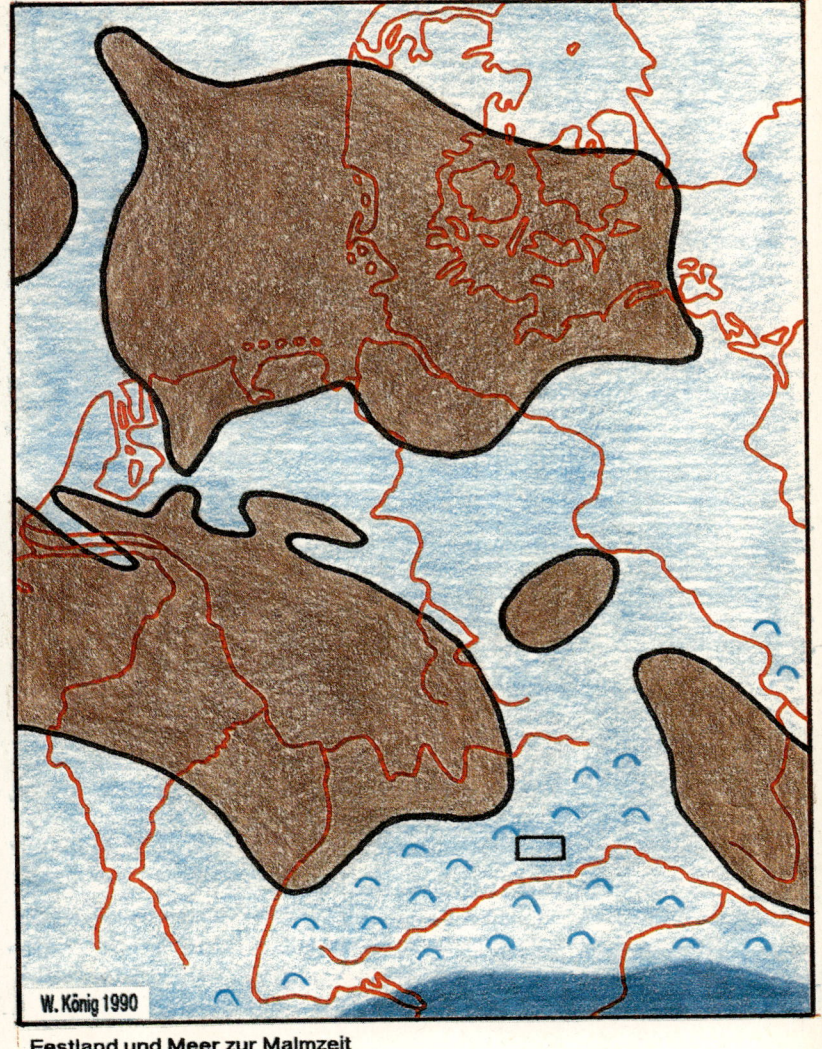

Festland und Meer zur Malmzeit

- Festland
- Schwamm-/Korallenriffwachstum
- Altmühlfranken
- Meer
- Tethys (offener Ozean)

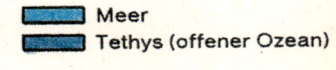

W. König 1990

gepackten Flözen oder als streifige Einschaltungen abgelagert sein. Die Kalksandsteine sind meist rostgelb oder rötlich gefärbt. Daneben sind noch Limonitbildungen (Brauneisen) in Form von Schwarten oder Limonitsandstein zu beobachten. Die Eisenooidflöze des Doggersandsteins wurden teilweise abgebaut – z.B. bei Pfraunfeld östlich Weißenburg – und in Obereichstätt verhüttet.

Der Doggersandstein erreicht hier eine Mächtigkeit zwischen etwa 17 und 25 Metern. Die größere Mächtigkeit ist im westlichen Bereich anzutreffen, im Gebiet Nagelberg nimmt sie bis auf 17 Meter ab, scheint aber im Osten und Nordosten, wie beispielsweise am Anstieg zum Weißenburger Wald, wieder zuzunehmen. Morphologisch gesehen bildet der Doggersandstein einen Steilanstieg, der meist von Wald (trockenliebende Föhren) bestanden ist.

Dogger Gamma bis Zeta (Oberer Dogger): Die nur geringe Mächtigkeit (4 bis 6 Meter) erreichenden Schichten des Oberen Doggers streichen in einem schmalen Band am Albtrauf aus und bilden dort stets eine kleine, als Ornatentonterrasse bezeichnete Verebnung, auf der sich Malmhangschutt anhäuft.

Dogger Gamma besteht aus tonigem Sandstein, Kalksandstein und sandigen Mergeltonen. Dogger Delta und Epsilon sind aus Eisenoolithkalk und -mergelkalk mit zwischengelagerten Tonen und Mergeln zusammengesetzt.

Dogger Zeta: Als Abschluß des Doggers folgt der Ornatenton – Dogger Zeta -, ein schmutzig- bis graugrüner Mergelton mit Phosphoritknollen. Namengebend ist der Leitammonit Cosmoceras ornatum Schlotheim. Im Gegensatz zum meist baumbestandenen, steilen Geländeabschnitt des Eisensandsteins ist der Bereich des Oberen Doggers wegen der damit einhergehenden Hangverflachung und besserer Böden meist landwirtschaftlich genutzt. Wegen seiner wasserstauenden Wirkung wird er zum Quellhorizont.

Malm (Oberer oder Weißer Jura)

Die oberste Juraabteilung wird nach ihrer hellen Farbe Weißer Jura genannt. Sie besteht überwiegend aus geschichteten und massigen Kalken. Da in Altmühlfranken den Ablagerungen des Malms eine besondere Bedeutung zukommt, soll auf ihre Entstehungsgeschichte differenzierter eingegangen werden. Sie sind für die markanten Landschaftsformen verantwortlich, aus ihnen stammen die bekannten Gesteine wie Treuchtlinger Marmor und Solnhofener Plattenkalk, berühmt wegen ihrer Fossilien.

Im Oberen Jura (Malm oder Weißjura, vor 160 bis 140 Millionen Jahren) schritt die Ausweitung des Meeres rasch voran, das Ergebnis war die totale Überflutung des Vindelizischen Festlandes und das Übergreifen des Meeres auf weite Teile des Böhmischen Massivs. Damit wurde das flachere fränkische Schelfmeer direkt mit dem tieferen alpinen Mittelmeer, der Tethys, verbunden. Ihr kalkreiches Tiefenwasser förderte bei zunehmender Erwärmung die reichliche Bildung von hellen Kalken und Mergeln. Dazwischen konnten auch räumlich und zeitlich wechselnd Schwammriffe entstehen. In dieser Zeit wurden unter anderem der „Treuchtlinger Marmor" und die „Solnhofener Platten" abgelagert. Typische küstennahe Ablagerungen, wie im Lias und Dogger, sind nicht entwickelt; erst im oberen Malm machten sich Einflüsse eines im Nordwesten auftauchenden Landes, des Mitteldeutschen Festlandes, immer stärker bemerkbar. Gegen Ende der Jurazeit wurde das Meer schließlich in den Voralpenraum zurückgedrängt.

Wie sah es eigentlich zu Beginn der Malmzeit südlich des Vindelizischen Festlandes aus? Die Alpen waren noch lange nicht aufgefaltet, im Gegenteil, ein Teil der Gesteine, die heute die Alpen aufbauen, mußte erst noch in der Tethys, dem Ozean zwischen Afrika und Europa, abgelagert werden. Erst während Kreide und Tertiär wurden die Alpen in mehreren Schüben zum jungen Faltengebirge emporgehoben, ein Prozess, der bis heute andauert. Die Malmablagerungen der Südlichen Frankenalb erweisen sich allein durch ihre große Mächtigkeit als wichtigste Abteilung des Juras. Mit 400 bis 500 Metern (in dieser Vollständigkeit allerdings nur am Südrand erhalten) wird der Malm zehnmal so mächtig wie der Lias und ist immerhin noch dreimal dicker als die Durchschnittsstärke des Doggers, obwohl alle drei Abteilungen eine ähnliche Zeitspanne (15 bis 20 Millionen Jahre) umfassen. Da der Weiße Jura im Vergleich zum Liegenden – das sind die unterlagernden Schichten – vorwiegend aus harten Kalken aufgebaut ist, beherrscht er mit markanten Landschaftsformen die Alb. Der steil aufragende Albtrauf und die Hochfläche der Alb werden hauptsächlich durch das dichte Kalkpaket des Malms aufgebaut.

Die Malmgesteine sind durch zwei gegensätzliche Typen charakterisiert: Die Schichtfazies besteht aus einer Wechselfolge von Mergeln, Mergelkalken und Kalken. Die Riff-Fazies wird vorwiegend von nach ihrem Tod verkalkenden Kieselschwämmen und selbst kalkbindenden Blaugrünalgenkrusten aufgebaut. Durch Vorauswachstum gegenüber der Schichtfazies kommt es zur Bildung von Kleinstotzen bis zum Bau von großen Kuppelriffen mit Durchmessern bis 500 Metern, die ihre Umgebung überragen. Zwischen der gegensätzlichen Schicht- und Riff-Fazies vermittelt die im Malm Delta und Epsilon verbreitete tafelbankige Biostromfazies.

Die Gesteine wurden unter tropischen Klimabedingungen in Wassertiefen um 200 Meter abgelagert. Die große Gesamtmächtigkeit der Malmablagerungen konnte folglich nur dadurch entstehen, daß eine ständige Meeresbodenabsenkung sich mit der Ablagerungsgeschwindigkeit die Waage hielt.

Malm Alpha und Beta (Oxford-Schichten): Das Gestein wird größtenteils in Schichten abgelagert. Lediglich im Osten, nämlich im Bereich Parsberg, Schwarze Laaber und Riedenburg sind Riffe bemerkbar. Malm Alpha und Beta bilden den kräftigen Steilanstieg über der Verebnung des Oberen Doggers.

Wesentliche Bestandteile dieser auch als Oxford-Schichten bezeichneten Stufe sind die um 10 Meter mächtigen, fast nirgends aufgeschlossenen Impressamergel und die zu Malm Beta gehörenden Werkkalke, helle, ziemlich reine Kalke mit einer Bankstärke um 20 Zentimeter. Die Werkkalke sind zwischen 15 und 20 Meter mächtig und wurden in zahlreichen Brüchen, vor allem entlang des Albtraufs, abgebaut und zum Hausbau verwendet. Übrigens war auch das Weißenburger Römerkastell Biriciana aus diesen Steinen errichtet. Die Oxford-Schichten sind insge-

Vom Treuchtlinger Marmorbruch am Patrich bietet sich ein herrlicher Ausblick

Werkkalksteinbruch (Malm Beta) an der Jakobsruhe oberhalb Weißenburg

samt über 50 Meter mächtig, zwei Drittel der Mächtigkeit entfallen auf Malm Alpha.

Malm Gamma: Das Riffwachstum dehnte sich weiter aus. Die Schichtfazies des Malm Gamma kann gegliedert werden in die mergelreichen Platynota-Schichten – benannt nach dem Ammoniten Sutneria platynota –, die vorwiegend kalkigen Ataxioceraten-Schichten und die Crussoliensis-Uhlandi-Schichten. Die Platynota-Schichten können in einen mergelreichen unteren, einen kalkigen mittleren und einen sehr mergelreichen oberen Teil gegliedert werden. Die Ataxioceraten-Schichten bestehen vorwiegend aus kalkigen Schichten. Typisch für die Crussoliensis-Uhlandi-Schichten sind knollig verwitternde Mergelkalkbänkchen und Mergel mit Kalkknollen. Über den Crussoliensis-Mergeln folgen noch für rund einen Meter dünnbankige Kalke, darüber leiten sechs dickere Bänke allmählich in die Fazies des Treuchtlinger Marmors über. Der Malm Gamma ist sehr reich an Fossilien, besonders Belemniten und Ammoniten. Malm Gamma ist insgesamt gut 30 Meter mächtig. Er ist in Steinbrüchen wenig aufgeschlossen, bessere Beobachtungsmöglichkeiten ergeben sich teilweise an Straßen- oder Eisenbahneinschnitten. Teilweise bilden die Crussoliensis-Mergel im Relief eine kleine Verebnung.

Malm Delta: Der scharfe Unterschied zwischen Riff- und Schichtfazies verschwand. Die Riffe breiteten sich gewaltig aus. Im Süden entstanden langgestreckte, von Südwest nach Nordost verlaufende Riffzüge. Die Schichtfazies ist dickbankig ausgebildet. Im obersten Malm Delta wurde die dickbankige Schichtfazies zurückgedrängt.

Tieferer Malm Delta: Der Treuchtlinger Marmor wird in sehr vielen Steinbrüchen, vor allem im Gebiet um Treuchtlingen und nördlich von Eichstätt, abgebaut. Die zäh brechenden, dicken Bänke werden gesägt, geschliffen, poliert und weit verbreitet als Boden- und Wandplatten, Fensterbretter, Treppenbeläge usw. im Innenausbau verwendet. An den polierten Platten kann überall gut seine Zusammensetzung beobachtet werden. Der Treuchtlinger Marmor ist kein kristalliner Marmor, sondern ein verschleifbarer Kalk, also nur ein Marmor im technischen Sinn.

Charakteristisch ist die große Bankstärke, durchschnittlich ein Meter, und der hohe Gehalt an biogenem Material. Auffallend sind vor allem Kieselschwämme und die häufig vorkommenden, bis vier Millimeter langen, weißen „Flämmchen", die als sessile Foraminiferen – einzellige, gehäusetragende Tiere – gedeutet werden. Sie sind im allgemeinen bis zu 10 Prozent an der Gesteinszusammensetzung beteiligt. Weitere Bestandteile sind freie Algenkrusten (bis 20 Prozent) und Partikel ohne schaligen Aufbau (Intraklasten, bis 10 Prozent). Die Häufigkeit der Schwämme liegt im allgemeinen unter 5 Prozent. Die Einlagerungen bilden insgesamt kein festes Gerüst, sondern schwimmen locker in der Grundmasse, die 50 bis 70 Prozent beträgt. Die typische Erscheinungsform des Treuchtlinger Marmors ist nicht in jeder Bank ausgebildet, in manchen Bänken ist sie sogar stark unterdrückt. Diese werden ihres typischen Bruchs wegen als Glasbänke bezeichnet. Insgesamt kann der Treuchtlinger Marmor, der Mächtigkeiten um 40 Meter erreicht, durch Leitbänke gegliedert werden. Sie weisen eine charakteristische Vergesellschaftung des biogenen Materials auf, so daß sie leicht erkannt werden können und mit typischen Bezeichnungen versehen sind: Basisbank, Knollige Lage, Geblümte Bank, Drei-Platten-Bank, Untere Mergelplatte, Obere Mergelplatte.

Der höhere Malm Delta ist als ungeschichteter Massenkalk ausgebildet, setzt 40 bis 50 Meter über der Basis des Treuchtlinger Marmors ein und wird 25 bis 40 Meter mächtig. Es kann unterschieden werden zwischen einer kuppelförmig gebauten Riff-Fazies und einer tafelbankigen Schwammrasenfazies. Die tafelbankige Schwammrasenfazies unterscheidet sich vom Treuchtlinger Marmor durch undeutliche, dickere Bankung und höheren Schwammgehalt. Es fehlt jedoch gegenüber den Riffen noch das durchgehende Schwamm-Algen-Gerüst. Durch die teilweise Dolomitisierung – das ist die Entstehung von Kalzium-Magnesium-Karbonat durch die Aufnahme von Magnesium aus dem Meerwasser – ergeben sich somit vier Faziestypen:

1. Riffkalke; ein markantes Beispiel sind die grauweißen Felstürme oberhalb von Zimmern (Hollerstein) zwischen Pappenheim und Solnhofen.

2. Riffdolomite; flache Riffbauten bilden meist eine steile Hangkante, z.B. um Übermatzhofen oberhalb von Pappenheim.
3. Dicktafelbankige Dolomite; die massigen Riffdolomite gehen seitlich in mehr oder weniger deutlich ebengebankte Dolomite über. Dolomitbänke sind schön an der Teufelskanzel nördlich Solnhofen erschlossen.
4. Dicktafelbankiger Schwammkalk; westlich von Möhren bleibt die oben beschriebene Fazies weitgehend undolomitisiert. An den Schwammkalken ist die Bankung oft schlechter erkennbar als im Dolomit. Südwestlich von Übermatzhofen steht als Gedenkstein an die Flurbereinigung ein nicht bearbeiteter Block aus gebanktem Schwammkalk.

Die Riffdolomite, Riffkalke und sehr dickbankigen Kalke und Dolomite bilden die oberen Steilhänge des Altmühl- und des Möhrenbachtals. Westlich von Möhren und östlich des Bergnershofs bauen sie zum Teil auch die Hochfläche auf, sind dort jedoch meist von jüngeren Sedimenten verhüllt.

Malm Epsilon: Die großen Schwammriffgürtel im Süden grenzten ein Gebiet im Nordwesten ab, das durch schmale, sich überkreuzende Riffzüge in kleine Wannen mit Schichtfazies gegliedert ist. Insgesamt waren die Riffe im Rückzug begriffen, die Schichtfazies breitete sich wieder aus. In Altmühlfranken blieben zwei Sedimentationswannen bestehen, die durch einen Riffzug getrennt waren: die Langenaltheimer-Solnhofener Wanne im Süden und die Treuchtlinger Wanne im Norden. Im Malm Epsilon wurden diese ausgedehnten, flachen Wannenböden von einer dünnbankigen Schwammrasenfazies gebildet, die sich scharf von den massigen Riffgürteln absetzt. Insgesamt werden die Ablagerungen des Malms Epsilon 20 bis 30 Meter mächtig. Das die beiden Wannen trennende Riff ist nur schwach gegenüber der umgebenden tafelbankigen Fazies aufgewölbt.

Malm Zeta: Im Norden entstand ein Wannengebiet mit eingestreuten Riffbereichen. Das Parsberger Riff und die südlichen Riffe, die Altmühlfranken gegen die offene Tethys abtrennten, sind noch erkennbar. In einer dieser Wannen wurden die Solnhofener Plattenkalke abgelagert.

Felsturm aus tafelbankigem Dolomit des Malm Delta bei Obereichstätt

Abbau von Treuchtlinger Marmor bei Osterdorf

Gegen Ende des Malms Zeta klang das Riffwachstum allmählich aus, Flachwasserbildungen nahmen zu und deuteten damit zunehmende Küstennähe an. Das Meer zog sich dann nach Süden in das heutige Gebiet südlich der Donau zurück.
Im Malm Zeta war der Höhepunkt der Bildung von Plattenkalken. Am bekanntesten sind die Solnhofener Schichten, zu denen vor allem die Vorkommen von Solnhofen und Eichstätt gehören. Die tiefere Wannenfüllung wird aus einer Folge von sehr hellen, bräunlichen bis fast weißen Kalken aufgebaut, die meist glatt brechen und eine durchschnittliche Bankstärke von 20 bis 30 Zentimeter haben. Für Malm Zeta 1 ist mit einer Mächtigkeit um 10 Meter zu rechnen.
Im Malm Zeta 2a setzt die feinschichtig-schiefrige Sedimentation der Plattenkalke ein. Sie bilden eine Wechsellagerung von festen Kalkplatten, den „Flinzen" und dazwischengelagerten mergeligen Lagen, den „Fäulen" – der Name weist darauf hin, daß es sich um „faules", nicht verwertbares Gestein handelt. Die fossilarmen Unteren Solnhofener Schichten enthalten einen höheren Tonanteil als die Oberen, weshalb heute ausschließlich diese abgebaut werden.
Die Unteren Schiefer lassen sich zweigliedern in ein Schieferpaket und eine darüberliegende, mehr oder weniger horizontbeständige, trennende Krumme Lage, die auf Unterwasserrutschungen, vielleicht durch ein Seebeben ausgelöst, zurückzuführen ist. Das Schieferpaket besteht vorwiegend aus feingeschichteten Fäulen und zwischengeschalteten Flinzen.
Die Oberen Solnhofener Schichten werden ebenso wie die Unteren von Fäulen und Flinzen und einer darüberliegenden Krummen Lage (Hangende Krumme Lage) aufgebaut. Weltbekannt sind die Oberen Solnhofener Schichten wegen ihrer vorzüglich erhaltenen Fossilien. Die Flinze sind jedoch viel stärker am Schichtaufbau beteiligt als in den Unteren Solnhofener Schichten und erreichen Dezimeterstärke. Manche Flinze und Fäulen werden von den Steinbrucharbeitern mit charakteristischen Namen belegt, z.B. Sieben-Schuh-Fäule, Sieben-Lumpen-Schicht, Knöpfige Lage, Judenlage, Fischli-Flinz.
Die technische Nutzung der Plattenkalke hat eine lange Tradi-

Das Jurameer zur Zeit der Bildung der Solnhofener Plattenkalke (Malm Zeta 2)

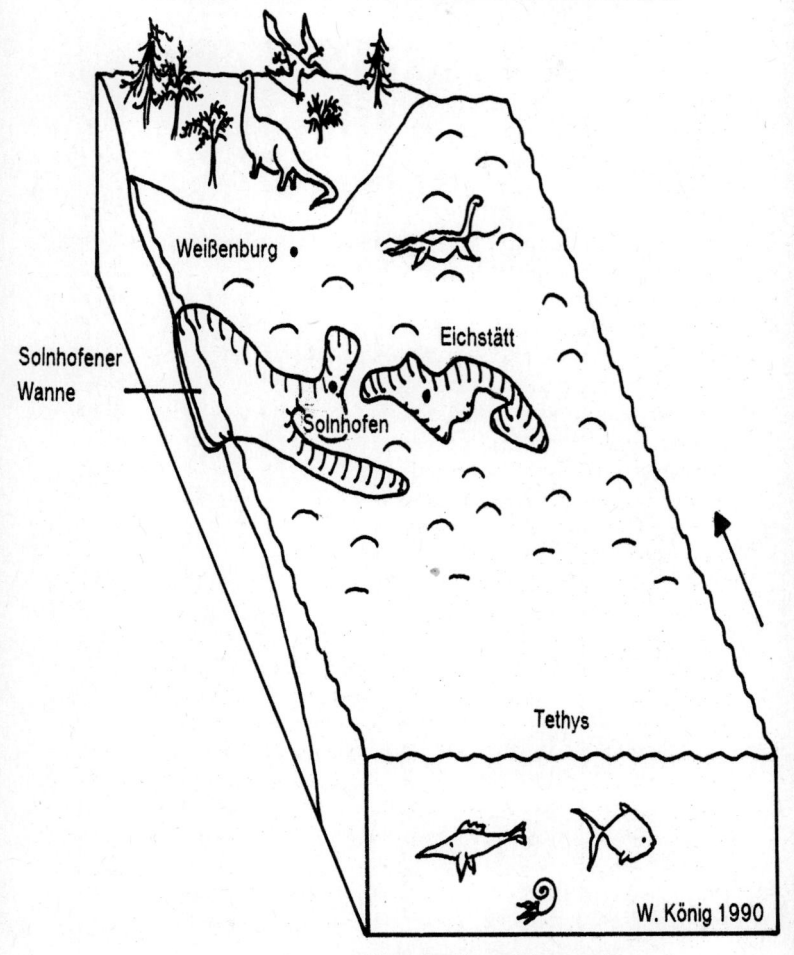

Weißenburg

Solnhofener Wanne

Solnhofen

Eichstätt

Tethys

W. König 1990

Kuppeln: Algen-Schwammriffe

tion. Sie wurden schon von den Römern abgebaut und als Mauersteine, Bodenbeläge, Dachplatten und für Gedenktafeln verwendet. Im 15. und 16. Jahrhundert wurde der Solnhofener Stein von Bildhauern für die Herstellung von Inschriftentafeln, Flachreliefs und Medaillen verwendet. Einen großen Aufschwung erlebte die Steinindustrie nach der Erfindung der Lithographie durch Alois Senefelder im Jahre 1798. Für diese Technik liefern nur die Solnhofener Steinbrüche einen erstklassigen Druckstein, der sich durch Reinheit, Feinheit und gleichmäßige Härte auszeichnet. Die Lithographie fand im 19. Jahrhundert vor allem im Landkartendruck und in der Kunst ein weites Anwendungsgebiet.

Weitere Verwendung fanden die Plattenkalke als Bedachungsmaterial. Beim Legschieferdach wurden unregelmäßige, dünne Platten in mehreren Schichten übereinandergelegt. Häufig wurden Häuser aber auch mit Zwicktaschen – durch Zurechtzwicken erhielten die Kalkplatten die Gestalt von Dachziegeln – gedeckt. Die flachgiebeligen, mit Kalkplatten gedeckten Häuser waren einst charakteristisch für die Altmühlalb, heute sind sie leider fast vollkommen verschwunden.

Die Plattenkalke von Solnhofen und Eichstätt werden vor allem als Boden- und Wandbeläge und Fensterbänke verwendet.

Theorien zur Entstehung der Solnhofener Plattenkalke

Der Ablagerungsraum der Solnhofener Plattenkalke lag in einer durch Hügel und Senken (Wannen) stark zergliederten Lagune, die gegen das offene Meer im Süden durch einen Riffgürtel, im Norden durch ein Festland oder eine größere Insel begrenzt war. Diese Wannen sind der Ablagerungsraum der Plattenkalke. Darüber, wie es zur Entstehung der Plattenkalke kam, gibt es verschiedene Theorien.

Überflutungs- und Trockenlauftheorie: Ältere Autoren nahmen an, daß die Lagune nur zeitweise von Wasser überflutet gewesen war, nach Ablaufen des Wassers sei Kalkschlick zurückgeblieben, der dann austrocknete und die Schichtfläche bildete. Neuere Autoren nehmen ein episodisches Trockenlaufen an.

Steinbrecher bei der Arbeit:
Abbau von Solnhofener Plattenkalken bei Schernfeld

Die Langenaltheimer Haardt - Abbaugebiet von Solnhofener Plattenkalken

Die Entstehung des Sediments wird durch die Einschwemmung aufgewühlter Trübe, teils durch chemische oder biochemische Kalkfällung erklärt. Häufige Überflutungen werden angenommen, die Schichtflächen werden durch Ablaufen des Wassers und Austrocknung erklärt.

Für diese Theorie sprechen verschiedene Beobachtungen. Auf ein Trockenlaufen deuten Fährten hin, an deren Ende das verendete Tier liegt.

Bei vielen kleinen Knochenfischen ist die Wirbelsäule stark gekrümmt und von der Schwanzflosse abgerissen. Nach dem Ablaufen des Wassers könnte die Schwanzflosse am feuchten Sediment festgeklebt und der Fisch anschließend durch Austrocknung kontrahiert sein.

Zahlreiche Insekten sind fossil erhalten, obwohl sie normalerweise an der Wasseroberfläche treiben, bis sie zerfallen oder von Fischen gefressen werden. Fiedermarken, die durch driftende Gegenstände erzeugt werden, deuten auf ein festes, trockenes Häutchen an der Oberfläche des noch weichen Sediments hin. Archaeopteryx, Tintenfische, Ammoniten und andere fossil überlieferte Tiere hätten nach ihrem Tod normalerweise zur Wasseroberfläche aufschwimmen müssen. Daß sie ins Sediment galangten, läßt sich nur durch ablaufendes Wasser erklären.

Das Hauptargument gegen einen Wasserrückzug ist die hervorragende regelmäßige Feinschichtung. Ein Ablaufen des Wassers hätte sich durch Störung der normalen Schichtung, z.B. durch Rippeln und Erosionsrinnen, bemerkbar gemacht.

Außerdem lassen sich die oben angeführten Phänomene auch anders erklären:

Archaeopteryx und die Flugsaurier sind lebend ins Wasser gelangt – beispielsweise während eines Sturms –, wo sie ertranken und sich die Lungen mit Wasser füllten. Fährten von Tieren können auch unter Wasser entstanden sein. Die starke Krümmung der Wirbelsäule bei Fischen könnte außer durch Austrocknen auch durch osmotischen Wasserentzug (durch die Zellwand) in einem hypersalinen (stark übersalzenen) Milieu hervorgerufen werden. Die Klebewirkung des Sediments könnte

Versteinerung: Ammonit Lithacoceras

Versteinerung: Kurzschwanz-Flugechse Pterodactylus

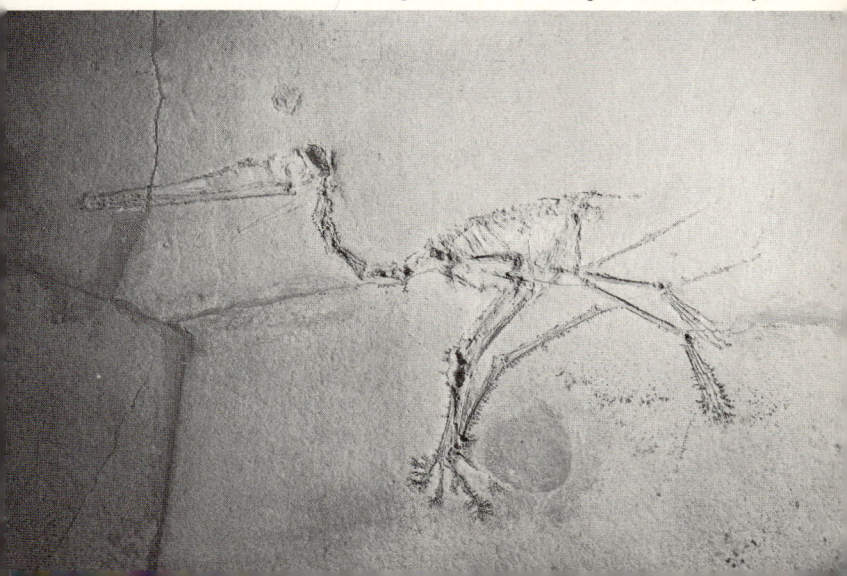

auch durch einen Algenfilm unter Wasser erzeugt worden sein. Experimente zeigten, daß auch Insekten bei entsprechender Benetzung oder vollgesaugten Tracheen untergehen können. Fiedermarken lassen sich auch durch eine frühe Zementation der Oberfläche erklären.

Suspensionstheorie (feinst verteiltes Material in Wasser, Trübe): Gelegentlich – vielleicht einmal im Jahr – wurde durch einen tropischen Wirbelsturm Kalkschlamm, der sich in der sehr flachen Schelfzone nördlich der Plattenkalkwannen abgesetzt hatte, aufgewühlt. Die Plattenkalkwannen hätten in freier Verbindung mit der sauerstofffreien und damit für Leben tödlichen Tiefenzone der Tethys gestanden. Durch den Wasserstau an der Küste wurde ein Unterstrom meerwärts in Bewegung gesetzt, der die feinsten Fraktionen des aufgewirbelten Kalkschlamms als Suspension in die Wannen befördert hätte. Dort setzten sie sich wieder ab und bildeten einen Flinz. In den Wannen herrschten stagnierende Bedingungen, starke Verdunstung und eingeschränkter Wasseraustausch führten zur Ausbildung einer Salzschichtung und Sauerstoffarmut, zeitweise sogar zu einer Vergiftung des Bodenwassers mit Schwefelwasserstoff. Das Leben am Boden war daher weitgehend unmöglich.

Andere Autoren kommen zu ähnlichen Ergebnissen, indem sie beispielsweise die feingeschichteten Kalke durch Überlagerung normaler Sedimentation mit Absätzen aus Trübeströmen, die durch Abgleiten von Sedimentmassen an Böschungen hervorgerufen werden, erklären.

Die Suspensionstheorie ist abzulehnen, da sie von falschen paläogeographischen Voraussetzungen ausgeht: Die Flachwasserplattform im Süden (Korallenriffe) verhinderte die Verbindung mit dem Tiefenbereich der Tethys.

Seeblütentheorie: Eine Voraussetzung ist die Eutrophierung des Wassers, die im marinen Bereich durch aufsteigendes, nährstoffreiches Tiefenwasser verursacht wird. Wiederholte Seeblüten von Coccolithophoriden (gelbgrüne Algen) werden für für die Bildung der Plattenkalk-Flinze verantwortlich gemacht. Nach diesem Modell wurden alle marinen Tiere durch

Versteinerung: Libelle Aeschnogomphus intermedius

Versteinerung: Krebs Aeger tipularius

die Seeblüte – der massenhaften Vermehrung der Algen, die den Sauerstoff im Wasser aufbraucht -, getötet und sanken zu Boden. Anschließend starben die Coccolithophoriden auch ab und bedeckten als Schlammlage die Kadaver.

Für diese Theorie spricht z.B. das Phänomen von Raubfischen mit halbverschluckter Beute im Maul, oder das Vorhandensein von unverdauten Beutefischen im Magen: alles Hinweise auf einen plötzlich eintretenden Tod durch Vergiftung. Genaue Untersuchungen mit dem Rasterelektronenmikroskop (REM) zeigten jedoch, daß sich in den Schichten viel zu wenige Coccolithen finden, um eine Seeblüte zu bezeugen.

Stromatolith-Theorie (Algenkalk): Untersuchungen mit dem Rasterelektronenmikroskop ergaben sowohl in den Fäulen als auch in den Flinzen ein Vorherrschen der Korngrößen 1 bis 3 Mikron, sowie die gleiche gerundete Kugelgestalt. Der Unterschied zwischen Flinzen und Fäulen besteht nur darin, daß die Folge der Schichtflächen in den Fäulen wesentlich dichter ist. Da die Tonanreicherung im Bereich der Schichtflächen erfolgt, ist auch der Tongehalt in den Fäulen höher als in den Flinzen.

Schnitte durch die Fäulen zeigten, daß sie aus dichtgepackten Hohlkugeln mit Wänden aus Kalzitkristallen bestehen. Ihre Durchmesser liegen meist um 15 Mikron. Sie werden als Bildungen von Blaugrünalgen interpretiert. Nach dem Geologen Keupp bestehen auch die Flinze aus solchen Hohlkugeln, jedoch sind diese mit feinster Masse verfüllt, so daß sie nicht mehr in Erscheinung treten.

Blaugrünalgen sind selbst bei hohem Salzgehalt, wie man ihn für die Plattenkalke annimmt, lebensfähig und stellen damit die eigentlichen Sedimentbildner dar. Gelegentlich stellten sich infolge von Stürmen, vielleicht verbunden mit starken Niederschlägen bei Regenzeiten, normalmarine Bedingungen ein. Das führte zu einem Absterben und bakterieller Zersetzung der Blaugrünalgen. Dadurch kam es zu einer frühen Zementation im Bereich der Schichtflächen, ein Oberflächenhäutchen konnte sich bilden. Gleichzeitig wanderten normalmarine Organismen ein, wie z.B. die Saccocomen, freischwimmende, kleine Seelilien. Nachdem durch Verdunstung der Salzgehalt wieder zu-

nahm, starben die eingewanderten Organismen ab und wurden wieder zugedeckt.
Mit dieser Theorie könnten viele Eigentümlichkeiten der Plattenkalke erklärt werden, so z.B. daß vom Rand zum Zentrum der Wanne ein fazieller Übergang Fäule – zähe Fäule – Blätterflinz – Flinz unter Verlust von Schichtfugen erfolgt: In den flacheren Bereichen der Wanne hätte häufiger die für die Blaugrünalgen tödliche Wasserumwälzung stattgefunden, was am Rand zu zahlreicheren Schichtfugen führte.
Auch die unterschiedliche Erhaltung von Knochenfischen läßt sich so erklären: Im flachen Wasserbereich wird sich nach der Durchmischung schneller wieder eine für das Blaugrünalgenwachstum notwendige Salzkonzentration eingestellt haben als im tieferen Wasser. Im flacheren Wasser wären deshalb Fischleichen schnell vom Algenfilm überwachsen worden und deshalb vor Verwesung geschützt. Sie liegen jetzt in Weichteilerhaltung vor. Im tieferen Wannenbereich sind die Fischleichen länger der Verwesung preisgegeben gewesen (Grätenerhaltung).
Auch mit dieser Theorie können nicht alle Befunde der Solnhofener Wanne erklärt werden.

Das Leben im Jurameer

Hätten wir heute in Altmühlfranken noch die Verhältnisse, wie sie damals im Oberjura herrschten, würden wir auf Plakate mit traumhaften Palmenstränden unter gleißender tropischer Sonne nicht mit Fernweh reagieren, dieses paradiesische Leben auf einer Südseeinsel könnten wir das ganze Jahr über genießen. Zur Zeit der Ablagerung der Solnhofener Plattenkalke herrschten hier Bedingungen, wie wir sie heute etwa auf den Bahamas oder auf den pazifischen Atollen antreffen. Im Küstengebiet wuchsen trockenheitsliebende Pflanzen, die wohl den heutigen Zypressen ähnlich sahen, daneben aber auch andere Gewächse wie palmfarnartige oder gingkoähnliche Pflanzen. Sie alle deuten in ihrer Zusammensetzung auf ein halbwüstenartiges Klima mit Durchschnittstemeraturen über 30° C hin.
Die erhaltenen Fossilien der Malmzeit Altmühlfrankens zeugen von einer Tierwelt eines flachen, warmen Meeres. Man nimmt

Wassertiefen um 200 Meter an. Berühmtestes Fundgebiet von Fossilien (Versteinerungen) im Malm ist zweifelsohne der Raum Solnhofen und Eichstätt mit dem Abbau der feingeschichteten Plattenkalke. Die seltenen, aber durch den häufigen Abbau zahlreich zu Tage tretenden Fossilien ermöglichen eine Rekonstruktion der Lebensverhältnisse im Meer und im Küstengebiet.

Sehr zahlreich und in Schwärmen trat beispielsweise der sprottengroße Fisch Leptolepis sprattiformis auf; er war eine beliebte Beute von Raubfischen und wurde auch fossil erhalten in deren Verdauungstrakt gefunden.

Andere Fischarten waren z.B. der hechtähnliche Schnabelfisch oder lachsähnliche, räuberische Arten. Andere Zeitgenossen waren rochenähnliche Haie, deren heutige Verwandte, die im Mittelmeer und im Atlantik lebenden Meerengel, sich im Sand eingraben und sich von Weichtieren oder Krebsen ernähren. In den den Solnhofener Plattenkalken sind außerdem zwei weitere Haiarten überliefert.

Eine auffällige Erscheinung waren die bis zu zwei Meter langen Schmelzschuppenfische und einige Quastenflosser. Im offenen Ozean südlich der Lagunenzone jagten Fischsaurier und über 4 Meter lange Krokodile ihre Beute.

Riesige Dinosaurier lebten auf diesen Inseln wohl nicht, oder sind zumindest nicht überliefert. Der einzige auf dem Festland lebende Saurier aus den Solnhofener Plattenkalken ist der katzengroße Compsognathus. An Land oder in unmittelbarer Küstennähe gab es Echsen, kleinere Krokodile oder Schildkröten.

Der Luftraum wurde beherrscht von 18 bisher nachgewiesenen Flugsaurierarten, die teilweise fliegend ihre Beute fischten, teilweise im flachen Wasser wateten und nach Nahrung suchten. Insekten wie Libellen oder Heuschrecken lebten wohl weiter im Landesinneren. Und dann ist da noch der Urvogel mit dem wissenschaftlichen Namen Archaeopteryx, von dem bisher in Bayern sieben Skelette bzw. Skelettreste und der beidseitige Abdruck einer kleinen Feder gefunden wurden. Die Fossilien stammen aus der Umgebung von Solnhofen, Eichstätt und Jachenhausen bei Riedenburg.

Versteinerung: Kugelzahnfisch Gyrodus circularius

Versteinerung: Rundpanzerkrebs Cycleryon propinquus

Archaeopteryx hatte mehrere Reptilienmerkmale wie Zähne, einen langen, aus Wirbeln aufgebauten Schwanz, Krallen an den drei Fingern und ein reptilienähnlich aufgebautes Gehirn.

Wahrscheinlich begann irgendwann in der Triaszeit eine Kriechtiergruppe auf die Bäume zu klettern, um dort nach Nahrung zu suchen. Von solchen kletternden Reptilien muß der Urvogel abstammen. Ein Tier also, das auf die Bäume kletterte und von dort zurück zum Boden segeln konnte. Aus den Schuppen entwickelten sich im Lauf von Jahrmillionen Federn; daneben hat Archaeopteryx aber auch noch Andeutungen von Schuppen.

Obwohl dieser Urvogel, wie sich bei der genaueren Betrachtung seines Körperbaus herausstellte, offensichtlich ein schlechter Flieger war, konnte sich aber im Laufe von Evolution und Erdgeschichte das Federkleid als entscheidende Verbesserung gegenüber der Flughaut und dünnen Behaarung der Flugsaurier durchsetzen, da mit ihm eine bessere Flugtechnik entwickelt werden konnte und es einen besseren Wärmeschutz bot.

Nach Forschungsergebnissen des amerikanischen Paläontologen Ostrom zeigt Archaeopteryx im Skelettbau viele Übereinstimmungen mit dem zweibeinigen räuberischen Coelurosauriern. Ob die modernen Vögel geradlinig mit Archaeopteryx verwandt sind, ist fraglich. Wahrscheinlich ist, daß beide einen gemeinsamen Vorfahren hatten, die Entwicklung parallel verlief.

Ob der Urvogel aus dem altmühlfränkischen Jura tatsächlich den ältesten Vogelvorfahren darstellt, ist ebenfalls strittig. So will ein französischer Forscher in Spanien einen solchen Vorfahren aus der Triaszeit entdeckt haben. Ernst zu nehmen ist jedenfalls der Fund von Palaeopteryx aus dem Oberjura von Nordamerika. Trotz der Möglichkeit, daß Archaeopteryx nicht auf der direkten Entwicklungslinie zu den heutigen Vögeln liegt, ist er nach wie vor der älteste, mit Sicherheit bekannte Vogel.

Die Entstehung von Fossilien

Fossilien sind die Überreste von Pflanzen, Tieren und deren Lebensspuren aus den im Laufe der Erdgeschichte abgelagerten Gesteinsschichten. Die ältesten bisher bekannten Fossilien sind 3,8 Milliarden Jahre alt, die jüngsten 10 000 Jahre. Die meisten

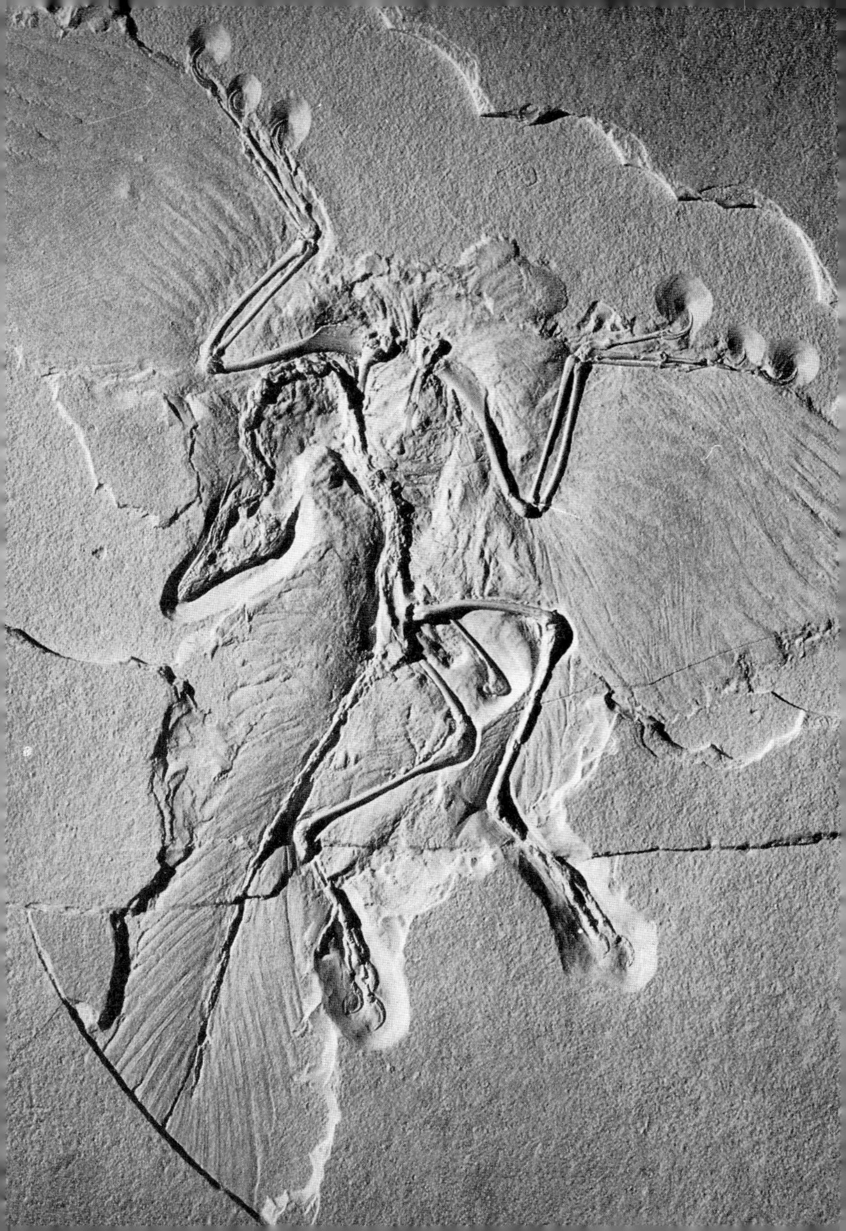

Lebewesen zerfallen nach ihrem Tod und gehen so wieder in den Stoffkreislauf der Natur ein. Bei Sonderbedingungen kann jedoch ihre Gestalt erhalten bleiben: durch Einfrieren (Mammutfund in Sibirien), Mumifizierung (Austrocknung), Einpökelung in Salzlauge, Einschluß in Bernstein oder durch rasche Einbettung in ein Sediment unter Luftabschluß. Während tierische Weichteile allenfalls in Abdrücken erhalten sind, „versteinern" die tierischen oder pflanzlichen Hartteile. Nur etwa ein Prozent aller Organismen bleibt fossil erhalten.

Wenn tierische Schalen oder Knochen durch Einbettung in ein Sediment (z.B. Schlamm oder Sand) der Zerstörung entzogen werden, so „versteinern" sie, d.h. sie wandeln sich um. Folgende Erhaltungsmöglichkeiten kann man dabei unterscheiden:

Versteinerung im engeren Sinn: Die stoffliche Zusammensetzung der Hartteile bleibt erhalten, lediglich ihr Feinbau wird verändert oder zerstört.

Pseudomorphose: Die ursprüngliche Substanz der Hartteile wurde durch einen anderen Stoff ersetzt. Die äußere Form blieb dabei erhalten.

Steinkernerhaltung: Füllt sich der Hohlraum einer Schale mit umgebendem Sediment (z.B. Schlamm), so entsteht ein Abguß des Schaleninnern, ein Steinkern. Falls die Schale aufgelöst wurde, bevor das Sediment ganz erhärtete, so konnte u.U. die Form der Schalenaußenseite dem Steinkern aufgeprägt werden. Diese Form bezeichnet man als Prägekern.

Versteinerung mit Kristalldruse: Bleibt die Schale erhalten, ohne daß Sediment in den Hohlraum eindringen kann, so können sich dort aus dem Wasser Kristalle ausscheiden, die langsam vom Rand in das Innere des Hohlraumes hineinwachsen. Es bildet sich eine Kristalldruse.

Abdruck: Werden Hartteile nach der Erhärtung des Sediments aufgelöst, so bleibt lediglich ihr Abdruck um einen Hohlraum herum erhalten.

Voraussetzung für die fossile Erhaltung von tierischen Weichteilen (z. B. bei Quallen) ist eine sehr rasche Bedeckung des Weichkörpers mit feinem Schlamm. Dadurch wird die Verwesung erschwert und der Weichkörper bleibt lange erhalten.

Nach dem Erhärten des Schlammes zu Stein gibt er alle Einzelheiten der Weichteile wieder.

Kreide

Mit Beginn der Kreidezeit (135 bis 65 Millionen) wurde Altmühlfranken mit Ausnahme von einigen kurzen, großräumigen Ablagerungsperioden, deren Sedimente aber größtenteils wieder abgetragen wurden, festländisch und damit der Abtragung, vor allem der Verkarstung, preisgegeben. Während der Unterkreide war ganz Nordbayern Festland. In dieser Zeit fand eine erste Verkarstung der zuvor abgelagerten Jurasteine statt. Die Oberkreide war gekennzeichnet durch zwei Meeresvorstöße, in denen die Schutzfels-Schichten und die Neuburger Kieselerde abgelagert wurden. In der höheren Oberkreide zog sich das Meer zurück, damit begann die lange Festlands- und Abtragungsperiode, die bis heute andauert.

Verkarstung ist die Auflösung und Auswaschung von Kalk- und Dolomitgesteinen durch kohlensäurehaltiges Wasser. Nimmt Wasser Kohlendioxid aus der Luft oder aus dem Boden auf, so entsteht die aggressive Kohlensäure ($H_2O + CO_2 > H_2CO_3$). Diese verwandelt den kaum löslichen Kalkstein (Calziumkarbonat) in das wasserlösliche Calziumhydrogenkarbonat, das im Sickerwasser weggeführt werden kann.

$$CaCO_3 + H_2CO_3 > Ca(HCO_3)_2 \text{ [lösl.]}.$$

Unterirdisch entstehen so Höhlen und Gänge, an der Oberfläche ist diese Art der Abtragung beispielsweise durch Einsturzhohlformen (Dolinen) sichtbar. Durch Entzug von Kohlendioxid aus der wässrigen Lösung – beispielsweise durch Pflanzen oder durch Erwärmung – kann es wieder zur Kalkausscheidung kommen. Dabei entstehen Tropfsteine, aber auch Kalksinterbäche oder dammartige Gebilde wie die Steinernen Rinnen.

Exkurs: die Jurahochfläche – eine Karstlandschaft

Das Fehlen von Flüssen auf der Jurahochfläche und das Vorhandensein von Dolinen kennzeichnet die Alb als Karstlandschaft mit unterirdischer Entwässerung. Das von der Oberfläche in das verkarstete Gestein eindringende Wasser bewegt sich entlang von Klüften und anderen Hohlräumen in die Tiefe, bis es vom Ornatenton, ein wasserundurchlässiger Stauhorizont an der Basis des Kalkgesteins, gestaut wird. Über ihm ist bis zu einer gewissen Höhe ein zusammenhängender Karstwasserkörper ausgebildet. Im Zuge der Landschaftsentwicklung vom Jungtertiär bis zur Gegenwart entstanden ganze Trockentalsysteme, wie z.B. das Laubental südöstlich von Weißenburg. Diese Täler sind jedoch vom fließenden Wasser geschaffen. Die meisten Bäche und Flüsse flossen ursprünglich im Niveau des Grundwasserspiegels. Im Zuge der Heraushebung der Albtafel ist der Grundwasserspiegel relativ abgesunken. Kräftige Flüsse wie die Altmühl tieften sich rasch ein, die Seitenbäche konnten jedoch mit dieser Tieferlegung nicht Schritt halten. Bäche, deren Quellen in höherem Niveau lagen, konnten nur dann im Tal fließen, solange die Talsohle nach unten abgedichtet war. Anderenfalls versickerte der Bach im Untergrund und das Tal fiel trocken. Während der Eiszeiten hat durch die Bodengefrorenheit eine die Talausformung begünstigende Oberflächenentwässerung stattgefunden. In der Zwischeneiszeit und auch in der Gegenwart versickerte das Wasser im Untergrund.

Das Wasser im Karst wird nicht wie in Sand oder Kies gefiltert. Der bakterielle Abbau ist wegen der großen Strömungsgeschwindigkeiten und der geringen Verweildauer im Gestein gering. Die Gefahr der Verschmutzung von Karstwasser, das auch als Trinkwasser genutzt wird (Steinriegelquelle Suffersheim), ist deshalb erheblich. Gefahren drohen in der Karstlandschaft durch Müllablagerungen in Dolinen oder Steinbrüchen, Abwässer und durch landwirtschaftlichen Eintrag.

Tertiär

In der folgenden Tertiärzeit (65 bis 2,5 Millionen) erfolgte durch gewaltige tektonische Kräfte die Schrägstellung des gesamten Schichtenpaketes um etwa drei Grad. Auslöser für diesen Vorgang war die Faltung und Hebung der Alpen und eine Aufwölbung des später einbrechenden Oberrheintals. Mit der Schräg-

stellung war die Voraussetzung für die Entwicklung der eingangs beschriebenen Schichtstufenlandschaft geschaffen.
Desweiteren setzte sich im Tertiär unter tropisch-wechselfeuchtem Klima die während der Kreide begonnene Verkarstung fort. Zur gleichen Zeit bildete sich als Verwitterungsrückstand der abgetragenen Malm- und Kreideablagerungen die ockerfarbene Alblehmdecke, die heute fast vollkommen die Malmhochfläche verhüllt. Gegen Ende des Tertiärs nahm die Temperatur allmählich ab.
Herausragende Ereignisse während der Tertiärzeit sind die Entstehung des Rieses und die Geschichte des Urmains.

Das Ries

Eine der außergewöhnlichsten Erscheinungen in der Geologie Bayerns ist der annähernd kreisrunde Kessel des Nördlinger Rieses, der mit rund 25 Kilometern Durchmesser die Alb unterbricht und von Höhenrücken umsäumt ist. Der Name Ries entstand aus dem Namen der römischen Provinz Rätien, die einst das nördliche Vorland der Alpen umfaßte. Geologisch gehört zum Ries auch das Vorries. Darunter versteht man jene Zone, die mit Trümmermassen aus dem Ries überdeckt wurde.
Auffällig sind vor allem die rätselhaften Gesteine und ihre Lagerungsverhältnisse. Man findet dort kristalline Gesteine aus dem Grundgebirge (sie treten sonst nirgends zwischen Schwarzwald und Bayerischem Wald auf), Suevit, ein Gestein, das vulkanischem Gestein ähnelt, desweiteren die Bunte Breccie, bestehend aus Gesteinsbruchstücken des Deckgebirges, und schließlich wurzellose Deckgebirgsschollen, das sind Schollen, die vom Rieskessel nach außen transportiert wurden.
Für die Entstehung des Rieses wurden die unterschiedlichsten Erklärungen gegeben. Die meisten älteren Forscher führten es auf vulkanische Kräfte zurück. Unter dem Ries sollte glutflüssiges Magma aufgestiegen sein und kristallines Grundgebirge aufgeschmolzen haben. Dabei seien große Mengen an Gas frei geworden, die sich schließlich in einer gewaltigen Explosion entladen hätten.

Heute geht man davon aus, daß das Ries durch den Einschlag eines Meteoriten entstanden ist. Die zwingendsten Beweise hierfür lieferte die mineralogische Forschung: So kommt in den Riesgesteinen Coesit vor, eine Hochdruckform der Kieselsäure. Zur Bildung des Coesit müssen Drücke angenommen werden, die bei Vulkanausbrüchen in dieser Höhe nicht vorkommen. Eine weitere Hochdruckform der Kieselsäure ist das Stishovit, andere Mineralien zeigen Erscheinungen, wie sie für eine Stoßwellenumwandlung typisch sind.

Die Rieskatastrophe ereignete sich im Obermiozän vor knapp 15 Millionen Jahren. Ein vermutlich kilometergroßer Einschlagskörper schlug im heutigen Ries mit ungeheuerer Geschwindigkeit auf die Erde. Die Wirkung des Einschlags war verheerend. Da die hohe Geschwindigkeit des Himmelskörpers in Bruchteilen einer Sekunde abgebremst wurde, entstanden im Gesteinsuntergrund Stoßwellen, die sich mit mehrfacher Schallgeschwindigkeit fortpflanzten und im Zentrum des Aufschlags sehr hohe Temperaturen erzeugten. Sie führten zur völligen Verdampfung des Einschlagskörpers und des getroffenen Gesteins im Zentrum. In weiterer Entfernung vom Einschlagspunkt reichte die Energie noch zum Schmelzen des Gesteins und zur Umbildung von Kristallstrukturen. Durch den gewaltigen Einschlag wurde ein Krater von etwa 25 Kilometer Durchmesser herausgesprengt, dessen Umriß in der heutigen schüsselartigen, vertieften Rieslandschaft noch gut erhalten ist. Insgesamt rechnet man, daß etwa 185 Kubikkilometer Gesteinsmasse aus dem Rieskrater herausgeschleudert und über das Vorries verstreut wurde oder wieder in den Krater zurückfiel. Einzelne Gesteinsblöcke flogen bis 100 Kilometer über das Ries hinaus. Gesteine des Deckgebirges wurden in flachen Bahnen ausgeworfen oder in großen Schollen hinausgeschoben. Dabei haben sie teilweise auch dort anstehende Gesteine mitgerissen und eingewürgt. Manchmal wurden auf dem an Ort und Stelle anstehenden Untergrund Schlifflächen erzeugt, die die Herkunftsrichtung ermitteln lassen.

An der nach unten gerichteten Stoßfront war kein Ausweichen möglich. Nach Erlahmen der Stoßwelle federte das zusammengepreßte Gestein wie ein eingedrückter Gummiball zurück, und eine Glutwolke aus verdampftem und geschmolzenen Gestein sowie Gesteinsbruchstücken stieg in die Höhe. Außerdem wurden Grundgebirgsschollen ausgeworfen, die aber wegen ihres Gewichts gleich wieder in den Krater zurücksanken und die kristallinen Trümmermassen bildeten. Feineres Material wurde höher in die Atmosphäre geschleudert und fiel als Suevit herab. Er enthält zahlreiche Glasbomben, die aus zähflüssiger Gesteinsschmelze entstanden und während des Fluges aerodynamische Formen annahmen. Ein großer Teil des Suevits wurde ins Vorries befördert und legte sich über die Bunte Breccie, eine Umkehrung der ursprünglichen Lagerungsfolge ist damit eingetreten: Das ursprünglich unten liegende Grundgebirgsmaterial wurde später ausgeworfen als das Deckgebirgsmaterial und liegt nun über diesem. Eine solche Umkehrung ist typisch für Meteoritenkrater.

Die bunten Trümmermassen am Riesrand und im Vorries bestehen aus Gesteinen, die vor dem Einschlag im Bereich des Rieskessels angestanden haben, also aus verschiedenen Typen des kristallinen Grundgebirges, Ton und Sandsteinen des Keupers, Tonen, Mergeln, Kalk und Sandsteinen des Juras sowie Süßwasserkalken, Mergeln und Tonen des Tertiärs. Die Größe der zusammengemengten Teile schwankt ganz außerordentlich. Im Landschaftsbild treten im Vorries besonders die Schollen aus Weißjurakalken als charakteristische Kuppen in Erscheinung. Ein typisches Beispiel dafür ist der Hüssinger Berg. Diese Kuppe wird von Kalken und Mergeln des Unteren Weißjuras gebildet, die auf meist weichen, tonigen Gesteinen des Schwarzjuras im Westen und Norden sowie des unteren Braunjuras, vorwiegend Opalinuston, im Osten und Süden liegen. Die härteren Kalksteine sind durch Verwitterung als Kuppe herauspräpariert worden. Die geologische Zusammensetzung der Kalkkuppe zeigt, daß hier nicht eine normale Abfolge der Gesteinsschichten wie an dem im Nordosten erkennbaren Hohentrüdinger Höhenzug vorliegt, vielmehr sind verschiedene, sonst übereinander geschichtete Einheiten des Weißen Juras und in geringem Maße des Braunjuras neben- und durcheinan-

Vorgang der Kraterbildung nach CHAO 1976

I

Deckgebirge (vorwiegend Keuper u. Jura)
Kristallines Grundgebirge (Gneise u. Granite)

Vor ca. 15 Millionen Jahren trifft ein 3 bis 4 km großer Steinmeteorit mit einer Einschlagsgeschwindigkeit von 11 bis 15 km/sec im Bereich des Albtraufs auf die Erde.

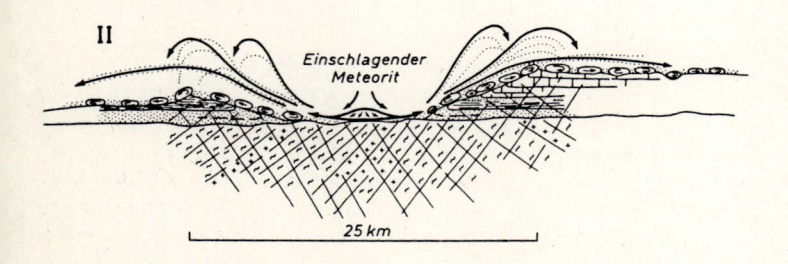

II

Einschlagender Meteorit

25 km

Der Meteorit wird durch den Aufschlag deformiert und dringt bis zur Grenzzone zwischen Deck- und Grundgebirge ein. Dort breitet er sich hydrodynamisch fließend seitlich aus und bewirkt damit ein gleitend rollendes Ausschieben von großen Massen des sedimentären Deckgebirges unter hoher Geschwindigkeit und allseitigem hohen Druck. Dadurch kommt es zur Bildung von Schliff-Flächen auf den Kalken des Jura-Untergrundes in der Umgebung des Kraters. Der ballistische Transport von Bunten Trümmermassen durch die Luft ist in diesem Stadium gering und geschieht nur unter flachen Winkeln.

III

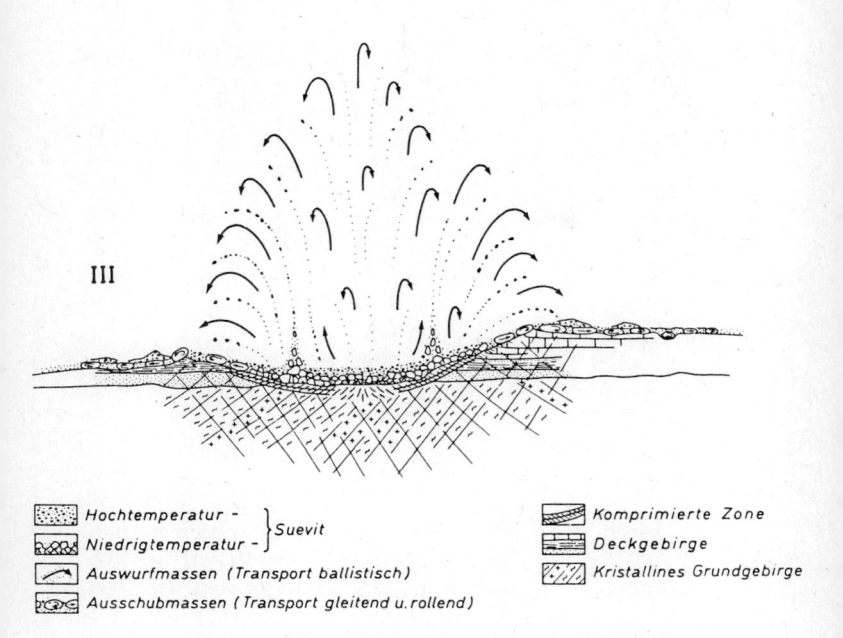

▒▒ Hochtemperatur - ⎫ Suevit	▬▬ Komprimierte Zone
▧▧ Niedrigtemperatur - ⎭	═══ Deckgebirge
⌒ Auswurfmassen (Transport ballistisch)	▨▨ Kristallines Grundgebirge
⬭⬬ Ausschubmassen (Transport gleitend u. rollend)	

Während des Endstadiums dringt der flüssige Meteoritenkörper in das kristalline Grundgebirge ein; es werden Drücke von 300 bis 500 Kilobar und Temperaturen weit über 1600 Grad Celsius erreicht. Nun wird der Suevit gebildet, der stark geschockte, kristalline Gesteine und viele Glasbestandteile enthält; er wird unter steilen Winkeln in großer Höhe hinausgeschleudert und fällt in den Krater und dessen nähere Umgebung zurück. Der Krater erreicht eine Tiefe von etwa 750 m; sein Boden wird durch eine komprimierte Zone gekennzeichnet. Darunter ist das Gestein noch bis in mehrere Kilometer Tiefe zerrüttet. Das Volumen der Auswurfmassen liegt bei 185 Quadratkilometern. Davon sind 90 bis 95 Prozent sedimentäres Deckgebirge und weniger als 10 Prozent kristallines Grundgebirge. Der eingeschlage Meteorit ist vollständig verdampft; von ihm sind nur noch geringe Spuren nachweisbar. Der ganze Vorgang der Kraterbildung spielt sich in wenigen Sekunden ab.

der geschoben und dabei z.T. stark zertrümmert worden. Der Hüssinger Berg markiert die Grenze der äußeren, stark zerstückelten Zone des Rieskraters gegen die Alb im Nordosten.

Ein Gestein besonderer Art ist der bereits erwähnte Suevit. Früher nahm man an, er sei aus Eruptionsschloten gefördert worden. Heute weiß man, daß er beim Einschlag eines kosmischen Körpers durch Stoßwellenumwandlung des kristallinen Grundgebirges mit teilweiser Aufschmelzung entstand. Der Suevit ist ein Gestein, das in einer feinkörnigen Grundmasse Einschlüsse verschiedener Art, vor allem Bruchstücke des kristallinen Grundgebirges und aufgeschmolzenes Grundgebirge in Form von Glasbomben oder „Flädle" enthält. Er wurde schon früh zu größeren Bauten verwendet (Georgskirche und Rathaustreppe in Nördlingen, z.T. Münster in Heidenheim und Stadtkirche in Bopfingen).

Das Gewässernetz der Zeit vor der Rieskatastrophe ist beim Einschlag des Himmelskörpers durch die gewaltigen Schuttmassen zugeschüttet worden. Im Bereich des Kraters entstand eine Hohlform, die über 300 Meter unter die heutige Oberfläche der Riesebene reicht. Im Innern des Rieskraters bildete sich durch die Wasseransammlung ein See, in dem vor allem Tone und Mergel abgelagert wurden. Am Beckenrand und auf Inseln entstanden Süßwasserkalke. Flächenmäßig treten diese überwiegend organisch entstandenen Kalke (vorwiegend Algen- und Schalenkalke) gegenüber den Riesseetonen zurück. Da sie der Verwitterung trotzen konnten, blieben sie auf Hügeln und Kuppen erhalten. Ein Beispiel ist der Buschelberg bei Hainsfarth. Einen wesentlichen Anteil am Aufbau des Gesteins haben die Kalkalgen, die die Randzonen des Riessees besiedelten. Neben den Algen als Kalkabscheidern trugen auch die Schalen kleiner Muschelkrebse (Ostracoden) und Schnecken (Hydrobien) zur Gesteinsbildung bei. In den Hohlräumen der Algenstotzen wurden auch Schalen der Landschnecken (Cepaeen) von den Ufern des Riessees eingeschwemmt. Hier erreichen die Schalenreste jedoch nie einen ähnlich hohen Anteil am Aufbau des Gesteins wie bei den Ostracoden- und Hydrobienkalken. Die Süßwasserkalke des Riessees besitzen im allgemeinen ei-

Der Ries-Meteoritenkrater aus der Vogelperspektive.

Das Wellheimer Trockental, Blickrichtung Nord. Ab Dollnstein (auf halber Bildhöhe links) fließt die von Westen kommende Altmühl im Urdonautal.

ne eintönige, artenarme, aber individuenreiche Tierwelt.

In den Riessee mündeten auch Flüsse, die ihre mitgeführte Geröllfracht deltaartig in den See schütteten. In einer kleinen Sandgrube bei Wornfeld (östlich von Hainsfarth) ist ein Ausschnitt eines solchen Flußdeltas aufgeschlossen. Der Aufschluß erschließt eine Wechselfolge von groben Kiesen, Grob- und Feinsanden sowie mergeligen Schluffen, die teilweise verfestigt sind. Die Gerölle sind verhältnismäßig gut gerundet, sie bestehen überwiegend aus stark verwitterten Grundgebirgsgesteinen (Granite, Gneise, Amphibolite usw.), die bei der Rieskatastrophe in die Umgebung des Kraters ausgeworfen wurden. Seltener treten Malmkalke und Hornsteine als Gerölle auf. Die Schichten fallen am Eingang der Grube mit 25 bis 30 Grad nach Nordwesten ein, gegen das hintere Ende der Sandgrube verflacht sich der Winkel auf etwa 10 Grad.

Im Bereich Treuchtlingen bedecken Riestrümmermassen fast das ganze Gebiet zwischen Möhrenbachtal und Hungerbachtal. Ferner treten sie nördlich Möhren, in der Umgebung von Heumödern und am Gablingberg auf. Die Kuppe des Bubenheimer Berges besteht aus einer intensiv vergriesten, wieder verbackenen Malmscholle.

Die Mächtigkeit der Riestrümmermassen schwankt stark, da sie auf ein vorhandenes Relief aufgelagert sind. Die größten Mächtigkeiten liegen im Bereich der Erosionsrinne des Urmains bei Rutzenhof und Rehlingen (südlich von Treuchtlingen) und erreicht etwa 150 Meter.

Die Geschichte des Urmains

Der Urmain entwässerte nicht wie heute in den Rhein, sondern er war ein Fluß, der von Norden herkommend in die am Südrand der Alb entlangfließende Donau mündete. Schotterablagerungen, in denen Lydite – also Gesteine, die im Frankenwald vorkommen – eingelagert sind, zeugen von dieser Nord-Süd-Entwässerung. Im Obermiozän, also in einer Zeit vor dem Einschlag des Riesmeteoriten, wurde die Altmühlalb kräftig gehoben, was zu einer starken Eintiefung der Flüsse führte. Der Urmain kam von Weißenburg her und umfloß den Nagelberg im Westen. Wie geophysikalische Untersuchungen zeigten, hatte dieser Fluß eine kräftige Erosionsleistung und tiefte sich bis auf 370 Meter über NN ein. Südlich von Dietfurt floß er im heute abrupt endenden Hungerbachtal Richtung Süden weiter. Mit der Rieskatastrophe und dem damit verbundenen Auswurf von Gesteinsmaterial erfolgte eine Plombierung der Flußtäler. So wurde auch das Hungerbachtal südlich von Dietfurt versperrt, der Urmain staute sich dadurch bis in die Gegend um Pleinfeld im „Rezat-Altmühl-See" auf. Die Zusammensetzung der Ablagerungen dieses Sees reicht von grauen, schluffigen Tonen und Mergeltonen über graue, braungelbe, selten rötliche, tonige Schluffsande bis zu rötlichen Kalkmergeln und weißen, graubraunen und rötlichen Kalken. Heute sichtbare Vorkommen sind um Bubenheim und Grönhart sowie am Gablingberg bei Treuchtlingen und am Weitstein bei Dietfurt.

Im obersten Miozän erfolgte eine großräumige Absenkung, durch sinkende Transportleistung der Flüsse wurden die Täler bis hinauf zur Albhochfläche zugeschüttet. Darüber breiteten sich die Flußablagerungen flächenhaft aus (Monheimer Höhensande). Im Pliozän kam es zur abermaligen Hebung der Alb und zu einer erneuten Eintiefung des Urmains. Zwar ist zunächst eine Bindung an die heutigen Talzüge nicht gegeben, bald jedoch weisen Schotterablagerungen am Bergnershof nordöstlich Dietfurt auf eine gewisse Bindung an den „Altmühl-Donau"-Talzug hin (siehe unten: Die Urdonau floß zu jener Zeit durch das heutige Wellheimer Trockental und von Dollnstein an weiter durch das heutige Altmühltal). In der Folgezeit tiefte sich der Urmain weiter ein, seine Schotter lassen sich mit denen der Urdonau verknüpfen. Nachdem sich diese auch bis ins Quartär hinein weiter einschnitt, kam es durch tektonische Bewegungen im Mittelpleistozän zu Talverschüttung und Flußumkehr des Urmains. In dieser Zeit dürfte der Talzug östlich des Nagelberges geschaffen worden sein.

Der Main wurde durch die Flußumkehr dem Rhein-System angeschlossen, die Altmühl, bislang Nebenfluß des Urmains, übernahm dessen Tal von Treuchtlingen bis Dollnstein. Noch

Flußgeschichte Altmühlfrankens

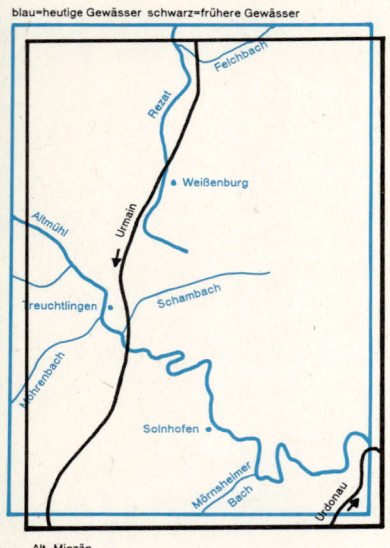

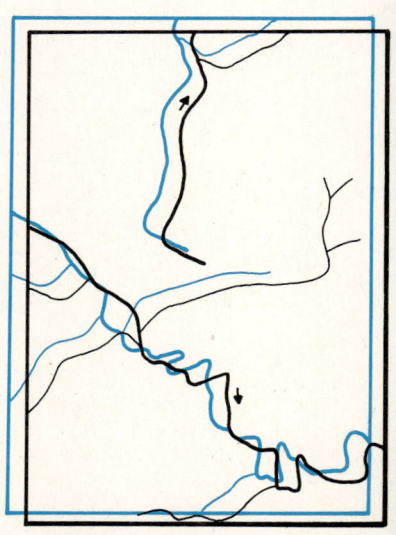

blau=heutige Gewässer schwarz=frühere Gewässer

Alt-Miozän

Jung-Miozän

Pliozän bis Alt-Diluvium

Jung-Diluvium

später kam es zur Flußverlegung der Altmühl im Raum Treuchtlingen. Sie floß zunächst zwischen Nagelberg und Gablingberg nach Dietfurt. Dann entstand der Durchbruch zum Möhrenbachtal und die Verlegung zwischen Weitstein und Weinberg.

Quartär

Das Quartär ist die jüngste der geologischen Perioden und dauert heute noch an. Es begann vor etwa 2,5 Millionen Jahren und ist gekennzeichnet durch ein zyklisches Auftreten von Vereisungen. Zwischen der skandinavischen und der alpinen Vereisung blieb auch Altmühlfranken eisfrei, es befand sich im Periglazialbereich. Hier herrschten Klimabedingungen wie heute etwa in Spitzbergen. Durch sehr wirkungsvolle Abtragungsvorgänge erhielt die Landschaft ihre letzte große Überprägung und nahm allmählich die Gestalt an, wie wir sie heute vorfinden. Überwiegend westliche Winde haben zudem großflächig Löß und Flugsand abgesetzt.

Die Flußlaufverlegung der Donau

Bis zu Beginn der Rißeiszeit floß die Urdonau noch durch das Wellheimer Trockental und durch das heutige Altmühltal. Durch die Hebung der Alb schnitt sich die Urdonau immer tiefer in die Albtafel ein. Da die Wasserführung in den Eiszeiten sehr unregelmäßig war, schaffte der Fluß den Abtransport des anfallenden Geröllmaterials nicht und schotterte auf. In den Zwischeneiszeiten schnitt sich der Fluß bei stärkerer Wasserführung und geringerem Schuttanfall in seine zuvor gebildeten Schotterablagerungen ein. So entstanden die Talterrassen, deren Schotterzusammensetzung beweist, daß die Donau einst durch das Wellheimer Trockental und das Altmühltal floß.
Während der Rißeiszeit verlegte die Donau ihren Lauf zunächst in das Schuttertal – ein vom Wellheimer Trockental ostwärts Richtung Ingolstadt ziehendes Tal -, dann an den Südrand der Alb in das Stepperg-Neuburger Tal, das heutige Donautal. Nach dem Donau-Durchbruch bei Weltenburg südlich von Kelheim

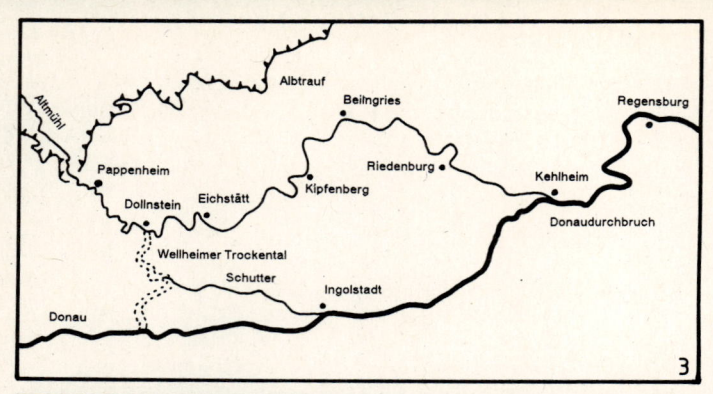

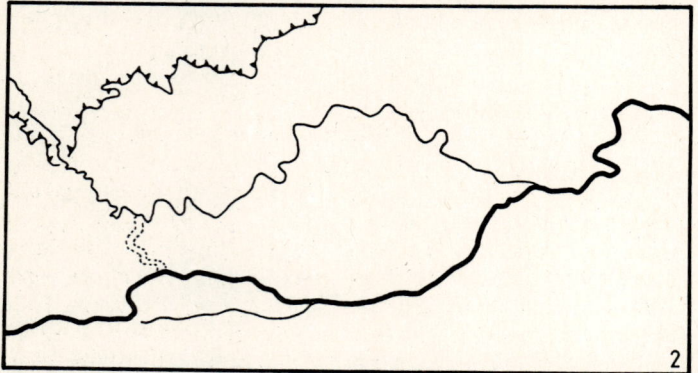

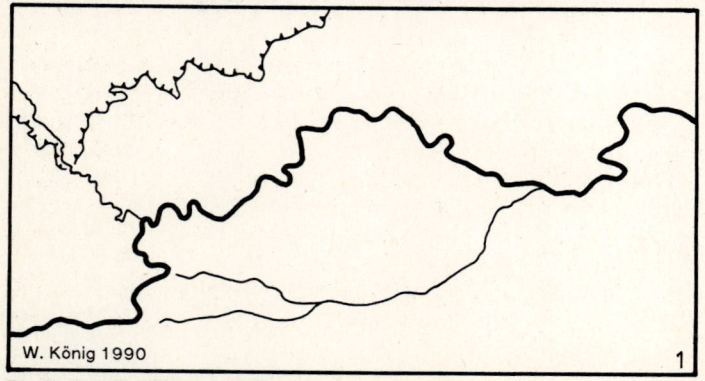

Die Flußlaufverlegung der Donau

trifft die Donau wieder mit ihrem alten Flußverlauf zusammen. Die Altmühl übernahm nun unterhalb Dollnstein das ehemalige, viel zu große Donautal bis zur Mündung bei Kelheim.

Ausflüge in die Erdgeschichte
Albvorland – Albanstieg – Albhochfläche

Geologischer Aufbau um Weißenburg

Den tieferen Untergrund bilden im Stadtgebiet Ablagerungen aus der oberen Liaszeit (Schwarzer Jura), nämlich Amaltheenton (= Lias Delta), Posidonienschiefer (= Lias Epsilon) und Jurensismergel (= Lias Zeta). Sie werden von einer diluvialen Schotterterrasse überlagert, eine junge, während der Eiszeiten entstandene Ablagerung, die dem tieferen Untergrund aufliegt.
Im Fußbereich des Steilanstiegs bildet der Opalinuston (= Dogger Alpha) den Untergrund. Er bildet heute ein unruhig geformtes Wiesen- und Ackerland.
Über dem Opalinuston folgt der etwa 25 Meter mächtige Eisensandstein (= Dogger Beta). Er verursacht durch seinen relativ großen Widerstand gegenüber der Abtragung den ersten Steilanstieg. Darüber folgt eine kleine, in weichen, tonigen und mergeligen Schichten des Dogger Epsilon und Zeta ausgebildete Verebnung, die sog. Ornatentonterrasse. Diese Schichten sind nur wenige Meter mächtig.
Über dieser „Ornatentonterrasse", auf der z. B. der Bismarckturm steht, beginnt dann der zweite, in den Kalkbänken des Malms Alpha und Beta ausgebildete Steilanstieg des Albtraufs. Die Kalksteine des Malms Beta werden auch als Werkkalk bezeichnet. Das Gestein ist weiß bis hellgelblich, äußerst dicht und spröde und wurde früher sehr viel abgebaut, z.B. an der „Jakobsruhe" im heutigen Naturdenkmal „Steinbrüchlein" oder in Brüchen an der Eichstätter Straße.
Über diesem Steilanstieg verflacht der Hang allmählich und es folgen die Schichten des Malms Gamma, die teils mergelig, teils

als Kalkbänke ausgebildet sind. Über den Schichten des Malms Gamma lagern die durchschnittlich einen Meter mächtigen, dickbankigen, sehr dichten und harten, zu Quadern brechenden Schichten des Treuchtlinger Marmors (Malm Delta). Am Steinberg, der höchsten Erhebung östlich Weißenburg, tritt über dem Treuchtlinger Marmor der Malm Delta in Massenfazies als ein ungebankter Kalk auf, der seinen Aufbau aus Schwammriffen nicht mehr erkennen läßt.

Die Albhochfläche selbst ist fast vollkommen von Decklehmen verhüllt. Diese Lehme stellen vor allem Reste einer unter tropischem und subtropischem Klima stattgefundenen Verwitterung während der Tertiärzeit dar.

Wanderung Wülzburg

Dem Wülzburger Weg folgen Sie, bis die Straße nach links in Richtung Kehl – Birkhof umbiegt. Bis hierher haben Sie im unteren Hangfußbereich der Wülzburg den Opalinuston überquert. Darüber folgt der stellenweise sichtbare Doggersandstein, was sich morphologisch in der größeren Hangneigung ausdrückt. Entlang der Straße zum Birkhof befinden sich mehrere Quellfassungen. Sie zeigen den Stauhorizont zwischen diesen beiden Gesteinsformationen an. Der Wanderweg führt in der Allee über die flachere Ornatentonterrasse bis hin zum Waldrand, wo dann der Hang mit beginnenden Malmkalken deutlich steiler wird. Am nach oben führenden Weg streichen immer wieder die Kalkbänke aus. Nach Verlassen des bewaldeten Werkkalk-Steilanstiegs verflacht der Hang allmählich wieder. Es folgt das Gestein des Malms Gamma, das sich in drei Zonen gliedern läßt: Die unterste, benannt nach dem Ammonit Sutneria platynota, verursacht wegen ihrer weichen, mergeligen Beschaffenheit eine Verebnung, die hier am Anstieg zur Wülzburg in einer Höhe von 550 Metern über NN besonders deutlich ausgeprägt ist. Über dieser Verebnung folgt ein hier gut ausgebildeter, kurzer Steilanstieg zwischen 565 und 580 Meter über NN, bedingt durch eine Folge harter, dickbankiger, z. T. sehr werkkalkähnlicher Kalksteinschichten (Suberinum- und Dentatum-Schichten). Über dieser Zone liegen die Crussoliensis-

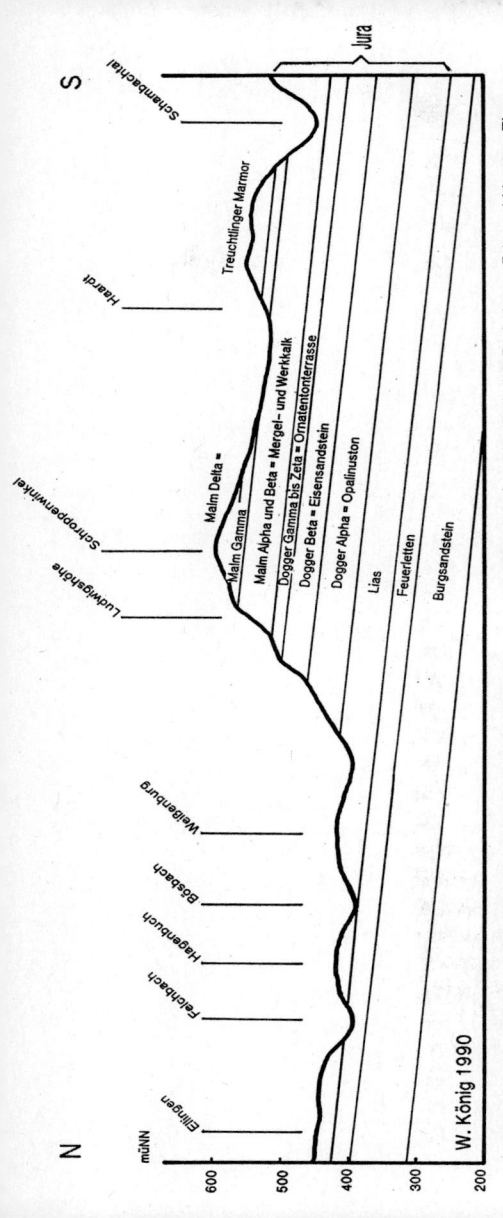

Ellingen und der Ortskern von Weißenburg sind im Bereich des Liasvorlandes gelegen, das jedoch teilweise von geringmächtigen, jüngeren, hier nicht eingetragenen Schottern und Sanden überlagert ist. Felchbach und Bösbach haben die Liasschichten bis zum Feuerletten, oberstes Schichtglied des Keupers, durchschnitten. Entlang der Weißenburger Straße "Holzgasse" steigt der Hang im Bereich des Opalinuston allmählich an. In diesem Bereich sind auch Freibad und Umgehungsstraße gelegen. Weiter oben, im Siedlungsgebiet Ludwigshöhe, an der Filiale der Sparkasse bzw. an der Straßengabelung zum Bergwaldtheater, wird der Hang merklich steiler. Hier beginnt der Eisensandstein. Der obere Teil des Steilanstiegs, ausgebildet in Malm Alpha und Beta, beginnt oberhalb des Parkplatzes Bergwaldtheater. Eisensandstein und Malmanstieg sind durch die flachere Ornatentonterrasse getrennt. Im Bereich Malm Gamma, oberhalb des Bergwaldtheaters, verflacht der Hang allmählich wieder. Die höchsten Geländeerhebungen, z.B. südwestlich des Bergwaldtheaters in der Waldabteilung Schroppenwinkel, oder südlich Haardt, liegen bereits im Bereich Malm Delta=Treuchtlinger Marmor.

Die Jurahochfläche ist teilweise durch jüngere Lehme, entweder Altlehm, ein Verwitterungsprodukt, oder Lößlehm, ein eiszeitliches, äolisches Sediment, verhüllt. Im Bereich Haardt sind zudem noch kleine Reste von Kreidesedimenten anzutreffen.

Mergel, die wegen ihrer geringen Verwitterungsbeständigkeit zu einer erneuten Hangverflachung Anlaß geben. Die außerhalb der Wülzburg gelegenen Bauernhöfe und Häuser sind meist auf dieser Verebnung gebaut. Über Malm Gamma folgen die dickbankigen, sehr dichten und harten Schichten des Malms Delta, die stellenweise im Graben der Wülzburg sichtbar sind.
Als reizvoller Aussichtspunkt über die Weißenburger Bucht ist das Kalte Eck der Wülzburg (= Nordwest-Ecke) zu empfehlen.

Wanderungen Rohrberg

Ausgangspunkt ist der Parkplatz der Kleingartenanlage Rohrwalk am Fuß des Rohrberges. Nach Durchquerung der Gartenanlage Richtung Norden beginnt mit der Allee der Schichtstufenanstieg zum Rohrberg. Den geologischen Untergrund im Bereich des Wiesengeländes bildet der Opalinuston, der nirgends aufgeschlossen ist. Gut 100 Meter nach dem Waldrand erreicht man den ersten Steilanstieg, an dessen unteren Ende einige Quellfassungen den Stauhorizont zwischen Eisensandstein und Opalinuston anzeigen. Auf dem weiteren Weg hinauf zum Bismarckturm steht links des Weges überall sichtbar der Sandstein an, der hier typischerweise mit Föhren bestanden ist. Vom Bismarckturm selbst, der auf der überwiegend ackerbaulich genutzten Verflachung der Ornatentonterrasse steht, hat man einen herrlichen Blick, der von der Wülzburg über die Weißenburger Bucht hinüber zum Hahnenkamm reicht und damit einen guten Überblick über den Verlauf der Schichtstufe im Weißenburger Land. Am nordwestlichen Waldrand führt hinter der auffallenden roten Ruhebank ein wassergebundener Forstweg den Wald hinauf; an ihm befindet sich nach 50 Metern rechts ein in den Oxford-Schichten ausgebildeter Kalksteinbruch, der zweite Steilanstieg ist damit erreicht. Im Walmbereich – dem obersten Abschnitt des Steilanstiegs – schließlich, kurz vor Erreichen der Verflachung, sind ebenfalls rechts des Weges in einem kleinen Aufschluß die Kalkbänke des Malms Gamma anstehend.

Rundfahrt Weißenburg (mit Fahrrad oder Auto)
Fahrstrecke: ca. 20 km

Sie verlassen Weißenburg der Jahnstraße folgend in nördlicher Richtung, überqueren in einer Talmulde zwischen dem Ortsausgang Weißenburg und Hagenbuch den Bösbach und fahren weiter nach Weiboldshausen. Etwa 100 Meter nach dem Ortseingang fällt rechts am Straßeneinschnitt eine kleine Felspartie auf. Es handelt sich um den dem Unteren Jura zugehörigen, harten und mehr oder weniger dicht mit Quarzkörnern durchspickten Arietensandstein (Lias Alpha 3).

Der Felchbach, den Sie überqueren, hat sich bis in den Feuerletten (= Oberer Keuper) eingetieft. Bei der Weiboldshausener Mühle befindet sich ein kleiner Aufschluß, in dem Gesteine des Feuerlettens in sandiger Fazies anstehen. Am Ortsausgang von Höttingen biegen Sie rechts ab Richtung Rohrbach. Noch im Talgrund halten Sie an und blicken Richtung Fiegenstall, wo Sie am Nordhang des Felchbaches einen wieder verfüllten Steinbruch erkennen. In diesem wurden die als Baustein verwendeten Sandsteine gebrochen. Der Steinbruch wurde im 14. Jahrhundert von Ludwig dem Bayern der Stadt Weißenburg zur Erbauung ihrer Wehranlagen geschenkt. Auch beim Bau der Weißenburger Andreaskirche fand der Höttinger Sandstein Verwendung.

Auf der nun Richtung Waldrand ansteigenden Straße werden die hier nicht aufgeschlossenen Gesteine – Lias und Opalinuston – überquert. Nach Erreichen des Waldrandes steigt die Straße kräftig an, morphologischer Ausdruck dafür, daß Sie die Grenze von Opalinuston zum Doggersandstein überquert haben. Nach Verlassen des Waldes bietet sich ein herrlicher Blick auf die Schichtstufe und auf den ostwärts als Zeugenberg vorgelagerten Schloßberg bei Heideck. Schon aus der Ferne erkennt man, daß die Schichtstufe aus verschiedenen Gesteinen aufgebaut ist: Am oberen Rand befindet sich eine helle Kalksteinhalde, weiter unten fällt rötliches Gestein auf, das vom Bereich der Kalksteine durch eine kleine Hangverflachung getrennt ist.

Am Ortsausgang Rohrbach Richtung Oberhochstatt biegen Sie nach links zur Steinernen Rinne ab, die eines der interessantesten Naturdenkmäler im Umkreis ist. An der Grenze zwischen Opalinuston und Doggersandstein entspringt hier eine Quelle mit stark kalkhaltigem Wasser. Normalerweise ist Wasser aus diesem Quellhorizont sehr kalkarm, hier hatte es jedoch die Möglichkeit, beim Durchfließen des an dieser Stelle vorhandenen Hangschuttes mit zahlreich eingelagertem Weißjurakalk genügend Kalk aufzunehmen. Unterhalb der Quelle wird durch Erwärmung und mit Hilfe von Moosen der Kalk aus dem Wasser ausgeschieden. Er baut einen Kalktuffdamm auf, der eine Länge von etwa 80 Meter hat und über einen Meter hoch ist. Das fließende Wasser selbst hat sich auf dem Damm eine etwa zehn Zentimeter breite und ebenso tiefe Rinne geschaffen. Der sumpfig-tonige Boden, auf dem dieses Naturdenkmal steht, ist Opalinuston, ebenso wie der Untergrund der Ortschaft Rohrbach.

Sie fahren zurück nach Rohrbach und verlassen den Ort ostwärts Richtung Kaltenbuch. Vor Ihnen liegt nun der Steilanstieg der Juraschichtstufe. In ihrem untersten Teil ist oberhalb der ersten Rechtskurve eine an der Vegetation erkennbare Vernässungszone. Sie ist an der Grenze vom Opalinuston zum Doggersandstein ausgebildet. Weiter oben steht nun rechts neben der Straße überall der Doggersandstein an, der hier von einigen für diesen Untergrund charakteristischen Föhren bestanden ist. Nachdem Sie etwa die halbe Höhe erreicht haben, verflacht der Hang im Bereich der Ornatentonterrasse merklich. Darüber steigt er mit der in Malmkalken ausgebildeten Steilstufe zur Jurahochfläche an. Auch hier ist die unterschiedliche Landnutzung vom Untergrund abhängig. Doggersandstein und Malmkalkstufe sind hier überwiegend von Wald bestanden, stellenweise ist im Bereich der Kalke auch eine Trockenrasenvegetation ausgebildet. Die Ornatentonterrasse wird meist landwirtschaftlich genutzt.

Von Kaltenbuch aus fahren Sie weiter in Richtung Geyern. Auf halber Wegstrecke befindet sich ein aufgelassener Werkkalksteinbruch. Von hier aus bietet sich ein eindrucksvollen Blick

Die Osterdorfer Löcher sind markante Lösungshohlformen in den Malmkalken

Kalktuffdamm der "Steinernen Rinne" bei Wolfsbronn

zwischen Schloßberg und dem in der Ferne eventuell sichtbaren Hesselberg. Bei gutem Wetter können Sie im Norden am Horizont Nürnberg erkennen.

Über die Jurahochfläche fahren Sie weiter nach Geyern, wo Sie in den Bereich der Doggersandsteine gelangen.

Von Geyern fahren Sie in östliche Richtung, wo Sie kurz vor Bergen scharf rechts nach Pfraunfeld abbiegen. Ab Geyern fällt die markante Rotfärbung des Bodens auf. Sie befinden sich im Bereich des Doggersandsteins, dem hier eisenführende Flöze eingelagert sind. Diese wurden früher abgebaut. Es können mehrere Flözhorizonte unterschieden werden, wobei allerdings nur der Pfraunfelder Horizont mit vier Metern eine größere Mächtigkeit besitzt. Die Doggereisenerze wurden bei Pfraunfeld noch im vorigen Jahrhundert abgebaut und in Obereichstätt verhüttet; die Erzgrube wurde jedoch wegen zu geringer Ergiebigkeit geschlossen.

Von Pfraunfeld fahren Sie auf der Jurahochfläche in Richtung Weißenburg. Zwischen Indernbuch und Oberhochstatt überqueren Sie den römischen Limes, der sich hier heute als eine auffällige Heckenreihe in der Landschaft manifestiert. In Oberhochstatt haben Sie wieder den Steilabfall der Schichtstufe erreicht. Bei der Rückkehr nach Weißenburg über die Bundesstraße 13 durchqueren Sie nochmals das Malm- und Doggerprofil von oben nach unten.

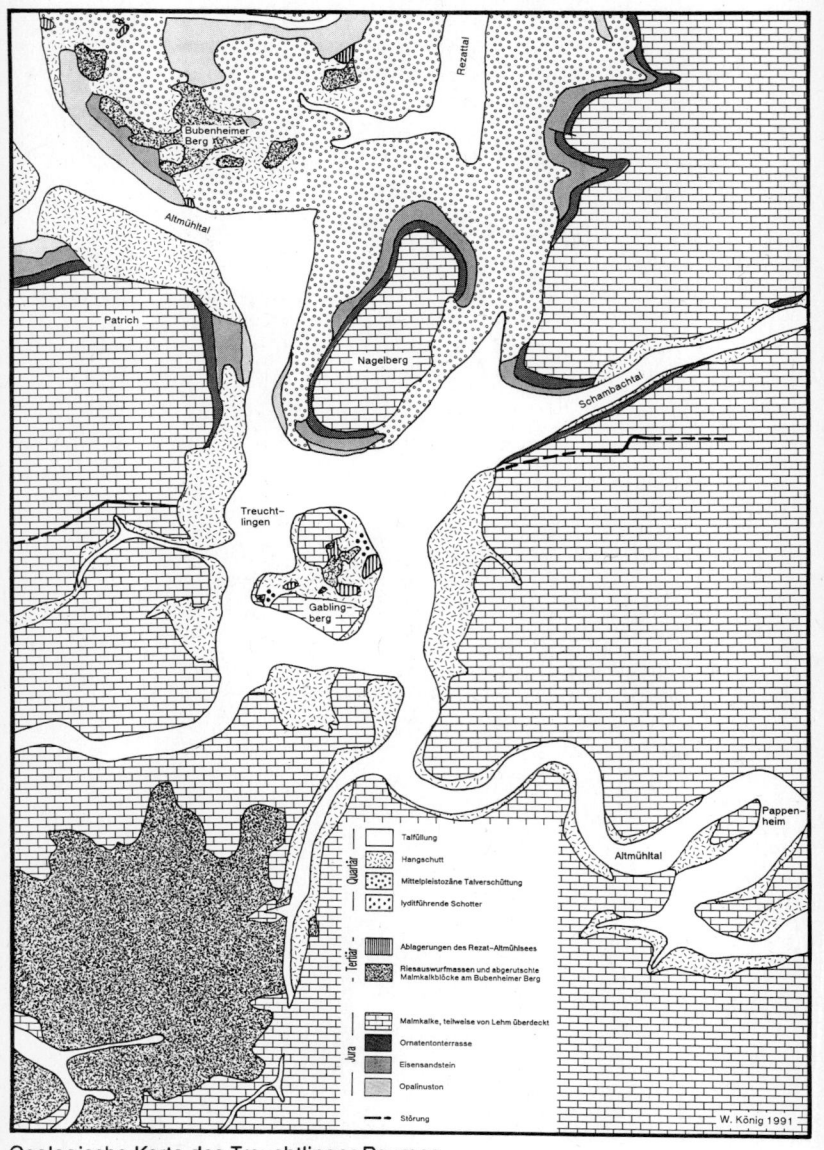

Geologische Karte des Treuchtlinger Raumes

Treuchtlinger Marmor – Riestrümmermassen – Treuchtlinger Talknoten – Solnhofener Plattenkalke

Radwanderung Treuchtlingen
Wegstrecke ca. 13 km; Dauer 3-4 Stunden

Ausgehend vom Parkplatz Altmühltherme verlassen Sie Treuchtlingen nordwärts Richtung Weinbergshof und biegen nach wenigen hundert Metern an der Straßengabelung nach links. Nach weiteren 100 Metern halten Sie an und gehen in den rechts neben der Straße gelegenen kleinen Rest des ehemaligen Sandsteinbruches. Hier wurde Eisensandstein abgebaut. Oberhalb des Sandsteinbruchs erkennen Sie zunächst eine kleine, ackerbaulich genutzte Verebnungsfläche: Es handelt sich um die mit Hangschutt übersäte Ornatentonterrasse. Auf dieser Terrasse hatten übrigens schon die Römer einen Gutshof angelegt (Villa Rustica am Weinbergshof), dessen ausgegrabene und rekonstruierte Überreste heute zu besichtigen sind. Über dieser Terrasse beginnt der in den Malmkalken ausgebildete, bewaldete Steilanstieg am Südhang des Nagelberges. Beweis ist eine weithin sichtbare Kalkstein-Geröllhalde. An der Grenze von der Terrasse zum Steilanstieg ist ein Quellhorizont ausgebildet, von dem aus der römische Gutshof mit Wasser versorgt wurde.

Sie fahren weiter am Westhang des Nagelberges; bevor die Straße im rechten Winkel in die Talaue hinabbiegt, halten Sie nochmals kurz an. Beim Blick Richtung Norden entlang des Nagelberg-Westhanges fällt auf, daß der Hangbereich, in dem der Doggersandstein ausstreicht, mit Föhren bestanden ist.

Der Weg führt dann hinunter zur Ortschaft Graben. Der Ort geht zurück ins 8. Jahrhundert, als Karl der Große den Versuch unternahm, Rezat und Altmühl und damit Rhein und Donau mit einem schiffbaren Kanal zu verbinden.

Das Ensemble des heutigen Ortes umfaßt die Fossa Carolina und die weitläufige bäuerliche Angeranlage in Fortsetzung des Kanals.

Die Fossa Carolina in Graben bei Treuchtlingen

Informationstafeln erläutern den Kanalbauversuch Karls des Großen

Die Reste des Kanals beginnen am Nordost-Ausgang des Ortes mit einem langgestreckten Weiher, ziehen zunächst in nordöstlicher Richtung, biegen nach 500 Metern leicht nach Osten ab und enden nach weiteren 750 Metern in Höhe der Straße Grönhart–Dettenheim. Die Dämme haben heute noch eine Höhe von bis zu 6,5 Meter über Flur. Ein im Jahr 1910 beim Bau der Eisenbahn angelegtes Profil zeigte, daß sich die Kanalbauer seinerzeit bis acht Meter unter Geländeniveau gegraben hatten. In früherer Zeit war der Kanalverlauf in südwestlicher Richtung bis hin zur Kirche im Ort als Hohlweg erkennbar. Luftbilder zeigen, daß vom heutigen Ende an der Straße Grönhart-Dettenheim der Kanal nach Norden knickte und weitere 1000 Meter Strecke ausgehoben waren. Beim Abbruch des Projekts im Dezember 793 waren demnach mindestens 2,5 Kilometer der Kanalstrecke im Bau, wahrscheinlich ist er sogar benutzt worden. Sehenswert ist das kleine Karlsgrabenmuseum im Ort, das im Jubiläumsjahr 1993 in einer umgebauten Scheune eingerichtet wurde.
Wie bereits oben ausgeführt, floß hier im Tertiär der Urmain nach Süden.
Sie verlassen Graben nach Westen in Richtung Bubenheim, wo Sie auf halber Wegstrecke auf einer Flurbereinigungsstraße nordwärts zum Bubenheimer Berg hinauffahren. Oben angekommen bietet sich vom Aussichtspunkt „Vielsteine" ein schöner Blick auf das breite Tal der Altmühl, auf die südwestlich gelegenen Orte Bubenheim und Wettelsheim sowie zurück zum Nagelberg und nach Graben. Auf dem Berg fällt die durch den sehr gering mächtigen Boden bedingte Trockenrasenvegetation auf. Sie gibt zusammen mit den vegetationsfreien Felsen einen Hinweis auf den aus Kalken aufgebauten oberen Teil des Bergrückens. Beim näheren Betrachten der Kalkfelsen fällt jedoch die vergrieste, wieder fest verbackene Struktur auf: Es handelt sich um Riesgries, hier um einen Massenkalk, der durch den Einschlag des Ries-Meteoriten zertrümmert wurde.
Über die Altmühlbrücke fahren Sie hinüber nach Wettelsheim. Am Fuß von Patrich und Viersteinberg und am Rande der Altmühlaue liegt der erstmals 1044 urkundlich erwähnte Ort an den Bachläufen der Rohrach. Die ausgedehnte Siedlung ent-

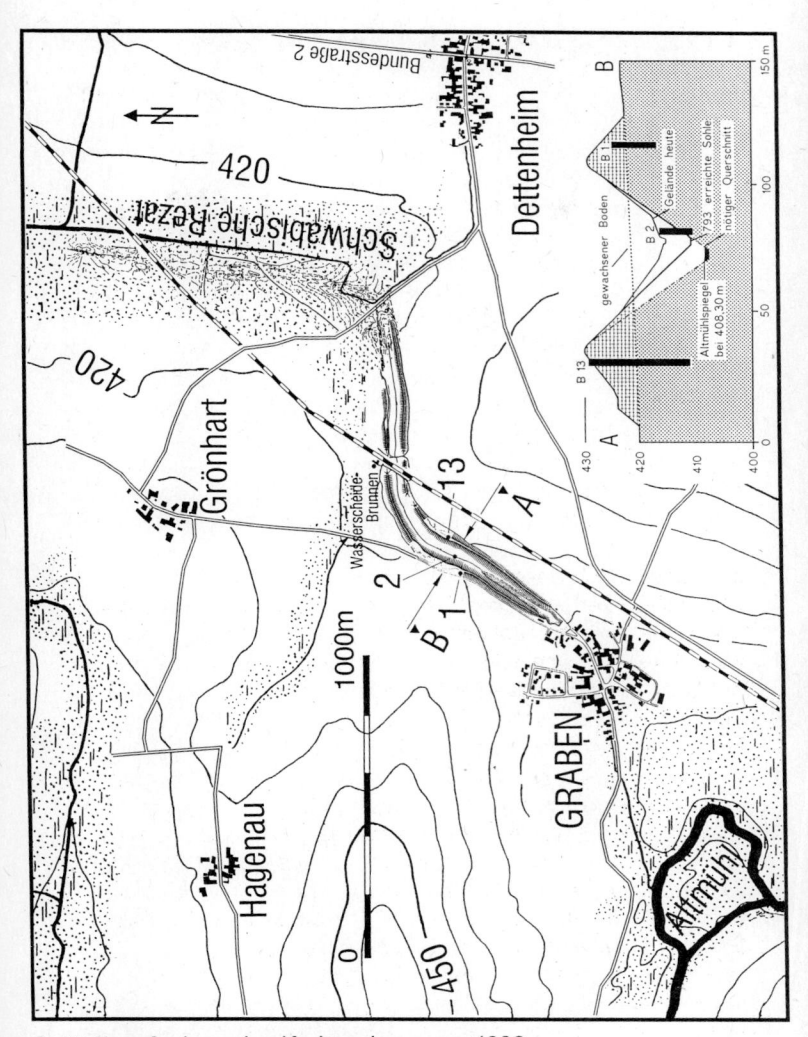

Geländeaufnahme des Karlsgrabens von 1992

wickelte sich wohl um mehrere Siedlungskerne. Heute stellt sich das Dorf als Bachangerdorf entlang dem winkelförmigen Verlauf der Rohrach dar. Die Bebauung stammt weitgehend aus dem 19. Jahrhundert, reicht teilweise aber noch weiter zurück. In der Hauptstraße, der früheren Großen Gasse, führen zahlreiche kleine Brücken über den offenen Bachlauf.

Sie verlassen Wettelsheim in südöstlicher Richtung auf der alten Straße und biegen einige hundert Meter nach dem Ortsausgang rechts hinauf zum Waldrand. Von hier führt ein Hohlweg hinauf in den großen Steinbruch am Patrich, in dem der dickbankige Treuchtlinger Marmor gebrochen wird. Von dort oben bietet sich ein herrliches Panorama über die von Westen heranziehende Schichtstufe, die bei Treuchtlingen in nördliche Richtung umbiegt. Über die Altmühl schweift der Blick über die Zeugenberge Flüglinger Berg, Trommetsheimer Berg, Bubenheimer Berg und Nagelberg bis hin zur Weißenburger Bucht, von der die Wülzburg herübergrüßt. Beim Anblick der breiten, in Richtung Weißenburg ziehenden Talung läßt sich mit etwas Phantasie auch gut ausmalen, wie der Urmain hier einst in Richtung Süden floß.

Wieder unten am Waldrand angekommen, fahren Sie weiter am Wettelsheimer Keller vorbei zurück nach Treuchtlingen.

Kiesgrube Ostseite des Nagelberges – Osterdorfer Löcher
Wegstrecke etwa 12 km

Vom Parkplatz Altmühltherme aus verlassen Sie Treuchtlingen nordwärts auf dem Wanderweg 2. Wenige Hundert Meter nach der Kohlmühle erkennen Sie am Osthang des Nagelberges – abweichend vom markierten Wanderweg – eine Kiesgrube.

Die rund 15 Meter hohe Wand wird von eckigen bis schwach gerundeten Weißjura-Kalksteinplatten aufgebaut; ihre durchschnittliche Größe beträgt 2 bis 3 Zentimeter. Sie werden durch eine stark zurücktretende lehmig-mergelige Grundmasse etwas zusammengehalten. Die relativ gute Schichtung und Einregelung weist auf fluviatilen Transport hin. Es handelt sich jedenfalls nicht um unsortierten Hangschutt, wie er z. B. an der Oberseite der Grube den Kies überlagert.

Der Kalkanteil kommt insbesondere aus dem von Osten in den Treuchtlinger Talkessel mündenden Schambachtal. Während der Ablagerung muß es zu einer hochreichenden Talverschüttung gekommen sein. Im Zusammenhang damit dürfte die Flußumkehr im Rezattal von einer Süd- in eine Nordentwässerung vollzogen worden sein. Diese Kiese werden als mittelpleistozän eingestuft.

Der Wanderweg 2 führt weiter durch das Schambachried – ein Kalkflachmoor – nach Schambach und von dort Richtung Süden hinauf zur Jurahochfläche und zu dem nordwestlich Osterdorf gelegenen Dolinenfeld „Osterdorfer Löcher".

Die annähernd kreisrunden Erdlöcher haben einen Durchmesser von 2 bis 3 Metern, einige haben senkrechte Wände und sind mehrere Meter tief. Sie sind als Verwitterungs- und Auslaugungsbildung zu erklären (ähnlich Dolinen) und möglicherweise während des Vorhandenseins großer Wassermengen zur Zeit des Urmains entstanden.

In den 30er Jahren wurde vom damaligen Landesgeologen die Erklärung gegeben, daß es sich um ein Grubenfeld handelt, in dem Bohnerz gewonnen wurde.

Autoexkursion Treuchtlingen – Solnhofen – Dollnstein

Fahrstrecke Treuchtlingen – Graben – Rastplatz Vielsteine – Langenaltheimer Haardt – Solnhofen – (Dollnstein, Wellheimer Trokkental) – Treuchtlingen (insg. ca. 70 km). Dauer: ½ Tag

Auf der Ortsverbindungsstraße entlang der Bahnlinie fahren Sie von Treuchtlingen nach Graben. Östlich befindet sich der aus Juragesteinen aufgebaute Nagelberg. In Graben können die Reste des Kanalbauversuchs Karls des Großen aus dem Jahr 793 bestaunt werden, der hier versuchte, Rezat und Altmühl, und damit Main und Donau zu verbinden. Während der Tertiärzeit floß hier der Urmain nach Süden (ausführliche Beschreibung siehe S. 59 ff.).

Die Fahrt geht weiter zum oberhalb des Ortes Bubenheim gelegenen Rastplatz „Vielsteine". Diese Bergkuppe ist aus Riesgries, ein in seiner Struktur durch den Einschlag des Ries-Meteoriten stark zerrütteter Jurakalk, aufgebaut (ausführliche Beschreibung siehe S. 51 ff. und S. 74).

Von Treuchtlingen aus fahren Sie Richtung Donauwörth. Südlich von Dietfurt führt die Straße durch das Hungerbachtal. Wegen seiner Verschüttung mit Riestrümmermassen endet es südlich der Abzweigung „Frankenschotter" (siehe Flußgeschichte des Urmains).

Sie biegen nach links ab Richtung Langenaltheim. An der Langenaltheimer Haardt ist in eindrucksvoller Weise der Abbau von Solnhofener Plattenkalken zu sehen. Auf den Abraumhalden kann man mit etwas Glück Versteinerungen finden.

Von der Langenaltheimer Haardt fahren Sie weiter zum Museum am Maxberg mit vielen sehenswerten Versteinerungen aus den Solnhofener Plattenkalken und Exponaten zur Lithographie. In Solnhofen ist ein Besuch des Bürgermeister-Müller-Museums auf jeden Fall empfehlenswert. Vom östlichen Ortsausgang ist die Felsformation „12 Apostel", ein Schwamm-Algen-Riff aus der Zeit Malm Delta zu sehen.

Im Altmühltal können Sie weiterfahren nach Dollnstein, wo sich das Altmühltal mit der Einmündung des aus Richtung Neuburg kommenden Wellheimer Trockentals, dem ehemaligen Donautal, aufweitet. Ab Dollnstein fließt die Altmühl im alten Donautal.

Die Rückkehr nach Treuchtlingen erfolgt entweder im Altmühltal oder über die Jurahochfläche (Eberswang, Schönau, Bieswang, Zimmern).

Abgerutschter Riesgriesblock am Bubenheimer Berg

Hainsfarth - Süßwasserkalke des Ries-Sees

Geologische Lehrpfade

Der **Geologisch-biologische Lehrpfad** bei Schernfeld-Obereichstätt ist etwa 9 km lang. Zu Fuß benötigt man für den gesamten Lehrpfad einen halben Tag. Es ist aber durchaus denkbar, den Pfad von Obereichstätt hinauf zur Jurahochfläche bis Tafel 5 (Solnhofener Plattenkalk) zu gehen und auf dem selben Weg zurückzukehren. Die anderen Stationen, mit Ausnahme des Steinbruches südlich Schernfeld, befassen sich mit der Tier- und Pflanzenwelt. Von Tafel 5 ist es möglich, in nördlicher Richtung in wenigen Minuten den Steinbruch für Fossiliensammler am Blumenberg und das Museum Bergér zu erreichen.

In Obereichstätt erinnern das Verwaltungsgebäude und eine Werkhalle an die frühere Eisenhütte, die 1411 gegründet wurde. Hier kamen Eisenerze aus der Südlichen Frankenalb (Doggererze und tertiäre Bohnerze) zur Verhüttung. Hergestellt wurden Gebrauchsgegenstände und Eisenöfen. Aus wirtschaftlichen Gründen wurde der Hochofen 1862 stillgelegt und das Werk 1932 geschlossen.

Eine geologische Besonderheit sind die malerischen Felstürme oberhalb der Ortschaft Obereichstätt. Es handelt sich nicht um Schwamm-Algen-Riffe wie die freistehenden Felsen weiter talauf- und talabwärts, sondern um tafelbankige Schwammkalke des oberen Malms Delta. Sie sind etwa 30 Meter mächtig und wurden von der Verwitterung riffartig herausgearbeitet. Die Schichtung ist noch erkennbar.

Der **Feuchtgebietslehrpfad** bei Pfünz – Wegstrecke 7 km – befaßt sich mit den Karstquellen aus dem Jura, mit Wasserreinhaltung und Artenschutz in diesem bedrohten Lebensraum. Der Weg im Altmühltal verläuft teilweise auf der Trasse der stillgelegten Bahnlinie. Eine Schleife macht er zur Almosmühle, wo eine der starken Jura-Karstquellen zutage tritt.

Der **Geologische Pfad Ries und Vorries** führt durch den Bereich des westlichen Hahnenkammes, der geologisch zum Vorries gehört, bis zum Riesrand bei Hainsfarth und Oettingen. Er erschließt die Vielfalt der Zeugnisse der Riesentstehung und ist

überwiegend auf bestehenden Wanderwegen angelegt.
Drei Rundwege stehen zur Auswahl. Mit Ausnahme der Kurzroute (1) vom Hahnenkammsee aus eignen sich die Teilstrekken (2) und (3) mit 22 bzw. 24 Kilometern Länge mehr für Radtouren als für Wanderungen. Hauptausgangspunkte sind der Parkplatz am Hahnenkammsee, der Hainsfarther Sportplatz am Buschelberg und Polsingen. Durch Querverbindungen können jeweils kürzere Streckenabschnitte gewählt werden.

Die Schautafeln erläutern die Entstehung des Ries-Meteoriten-Kraters und die Auswirkungen dieses Ereignisses vor 15 Millionen Jahren. In Gesteinsaufschlüssen werden die durch den Einschlag entstandenen Gesteine Suevit und Bunte Breccie erläutert. Im Riessee, der sich in der Kraterhohlform bildete, entstanden Süßwasser-Algenkalke, die eindrucksvoll am Buschelberg bei Hainsfarth zu sehen sind. Die Sand- und Geröllfracht, die ein Fluß deltaartig in den Riessee schüttete, sind in einer Sandgrube bei Wornfeld aufgeschlossen. Desweiteren wird im Verlauf des Pfades auf Aussichtspunkte und Kulturdenkmäler hingewiesen, so auf Burgställe, Sühnekreuze, eine kleine römische „villa" und einen jüdischen Friedhof.

Der **Geologische Lehrpfad Hesselberg** – Ausgangsort ist das an der Strecke von Wassertrüdingen nach Dinkelsbühl gelegene Wittelshofen – erschließt in seinem Verlauf einen Großteil der Schichten des Fränkischen Juras. Entlang des Wanderwegs, der vom Fuß des Hesselberges hinauf zum Gipfelplateau führt, informieren zahlreiche Schautafeln über die einzelnen Schichtglieder. Sie sind vom Lias Epsilon (Posidonienschiefer) bis zum Malm Gamma aufgeschlossen. Für Hin- und Rückweg benötigt man insgesamt etwa zweieinhalb Stunden.

Eine Besonderheit ist die Posidonienschiefergrube am Ortsausgang von Wittelshofen, im weiten Umkreis der einzige derartige Aufschluß. Vom ausgedehnten Gipfel des Hesselberges umfaßt die Fernsicht weite Teile des Keuperlandes im Norden, nahezu die gesamte Frankenalb im Osten und die Schwäbische Alb im Westen – beide getrennt durch das Ries – bis zum Hohenstaufen. An klaren Tagen reicht der Blick nach Süden bis zu den Alpen.

Der Geologische Lehrpfad im Ries, als Fahrtroute angelegt, bietet zwischen Amerdingen im Süden, Kirchheim im Westen, Hainsfarth im Norden und Gundelsheim im Osten mit vielen geologischen Aufschlüssen Einblick in die Erdgeschichte. Meist handelt es sich um Weißjura- oder Suevit-Steinbrüche, außerdem sind Süßwasserkalke aufgeschlossen wie am Buschelberg bei Hainsfarth oder am Goldberg, Granite an der Klostermühle und der Langenmühle bei Maihingen; bemerkenswert sind auch die „Griesbuckel" bei Harburg-Ebermergen oder der ehemalige Burgfelsen in Wallerstein. Um die einzelnen Aufschlüsse anzufahren, benötigt man einen geologischen Führer in Heftform, dem eine Karte beiliegt. Er ist unter anderem im Rieskrater-Museum in Nördlingen erhältlich.

Der Geologische Lehrpfad Treuchtlingen beginnt am Parkplatz Altmühltherme, bzw. Kurpark und entspricht im wesentlichen der „Radwanderung Treuchtlingen" (siehe S. 72)

Mit Hilfe von Schautafeln und durch Gesteinsaufschlüsse wird der Aufbau der Fränkischen Alb gezeigt. Weitere Themen sind die landschaftsgeschichtliche Entwicklung des Treuchtlinger Talknotens und die Auswirkungen des Meteoriteneinschlags im nur 25 Kilometer entfernten Nördlinger Ries.

Der Lehrpfad führt auch zum Karlsgraben, den beeindruckenden Resten eines Main-Donau-Kanals von Karl dem Großen, und dem Brunnen an der europäischen Hauptwasserscheide. In Graben ist dazu auch eine Ausstellung zu sehen.

Am Südhang des Nagelberges trifft der Weg auf die Reste eines römischen Gutshofes (*villa rustica*).

Der aussichtsreiche Rundweg Treuchtlingen – Nagelberg – Graben – Bubenheim – Wettelsheim – Treuchtlingen ist etwa 15 Kilometer lang und sollte als Tageswanderung geplant werden.

Steinbrüche für Fossiliensammler

Nicht wenige Gäste im Naturpark möchten selbst ihr Glück bei der **Suche nach Versteinerungen** erproben. Völlig ungeeignet hierzu sind in Betrieb befindliche oder auch stillgelegte Steinbrüche. Ihr Betreten ist verboten und überdies äußerst gefährlich. Nur auf Anfrage und mit ausdrücklicher Genehmigung des Besitzers darf in einigen privaten und gemeindlichen Steinbrüchen nach Fossilien gesammelt werden.
Auf dem **Blumenberg bei Eichstätt** und beim Weiler **Apfelthal** bei Markt Mörnsheim hat der Landkreis Eichstätt eigens Steinbrüche für Sammler erschlossen. Rechtmäßig und ungefährdet können sie dort – auch mit Kindern – auf „Schatzsuche" gehen. Übernachtungsgästen in Solnhofen steht der **Gemeindebruch** offen.
Zum Blumenberg gelangt man von der Bundesstraße 13 über die Abzweigung Wegscheid nördlich von Eichstätt oder auf der Staatsstraße 2230 (Altmühltalstraße), von der man in Rebdorf Richtung Kinderdorf Marienstein abzweigt. Der Steinbruch liegt nahe des Museums Bergér, wo auch die nötige Ausrüstung – Hammer und Stemmeisen – ausgeliehen werden kann. Der Steinbruch bei Apfelthal ist von der Straße Mühlheim (bei Mörnsheim) – Langenaltheim bzw. – Solnhofen ausgeschildert. Vom Parkplatz am Waldrand führt ein bequemer Weg zum Bruch, wo auch eine Schutzhütte steht. Eine Informationstafel gibt dem Besucher Hinweise zur Entstehung der dort anstehenden Gesteine.
Der Steinbruch am Blumenberg erschließt den oberen Teil der „Solnhofener Plattenkalke". Die tieferen Lagen sind stärker mit mergeligen Fäulen durchsetzt. Deutlich kann man die „Hangende Krumme Lage" erkennen, die sich kilometerweit über die Solnhofener Schichten erstreckt. Diese dicken, verfalteten, zerbrochenen und überschobenen Lagen müssen ihre Entstehung gleichzeitigen Ereignissen wie etwa einem jurazeitlichen Erdbeben verdanken. Überdeckt sind sie wiederum von gleichmäßig gelagerten Schichten.
Die Steinbrüche, die heute still und verlassen sind und die viel-

fältigem Pflanzenwuchs, Insekten, Vögeln und Kleinsäugern ungestörten Lebensraum bieten, waren einst erfüllt mit dem Lärm von Maschinen und dem hellen Klang der Steinbrecher-Werkzeuge. Früher wurden die genossenschaftlich ausgebeuteten Gemeindebrüche nach „Stöcken" verlost. Bei durchschnittlich etwa 60 Prozent unbrauchbaren Materials konnte man dabei auch an wertlose Verstürze und Fäulen kommen, statt an Plattenmaterial zu Bauzwecken oder an besonders wertvolles Gestein aus „Lithographielagen".

Der Steinbrecher hebt fachkundig die einzelnen Platten oder ganze Plattenpakete ab und prüft sie mit dem Hammer. Am Klang hört er, ob der Stein gesund ist oder auf die Abraumhalde kommt. Die brauchbaren Platten werden nach ihrer Dicke sortiert und roh behauen. Der Steinbrecher bedient sich eines Sortiments langstieliger Hämmer, um die Platten fachmännisch bearbeiten zu können.

Wer die Augen offen hält, kann in den Steinbrüchen durch den Fund kleiner Versteinerungen belohnt werden. Die häufigsten Fossilien sind Haarsterne, daneben gibt es kleine Ammoniten, Krebslarven und verschiedene Arten kleiner Knochenfische. Dekorativ sind die häufigeren „Scheinfossilien", die Dendriten. Sie entstanden durch die Ausscheidung mineralischer Stoffe, die in einsickerndem Wasser gelöst waren. Schwarze Dendriten gehen auf Manganverbindungen zurück, rote und braune auf Eisenoxide. Die Lösungen drangen in die senkrechten Gesteinsspalten ein und breiteten sich dann zwischen den waagrechten Schichten aus. Die feinen Verästelungen bilden filigrane Zeichnungen, deren Formen an Moose und Farne erinnern.

Im Hobby-Steinbruch am Blumenberg informieren Tafeln über die Entstehung und Verwendung der Solnhofener Plattenkalke

Fossiliensucher im Hobby-Steinbruch am Blumenberg

Einschlägige Museen

Das private **Museum Bergér** in Schernfeld-Harthof zeigt Fossilien und gehört zu einem Steinverarbeitungsbetrieb. Ebenfalls eine private Sammlung von Versteinerungen besteht in **Langenaltheim**; hier sind auch Steinbruchgeräte sowie bäuerliches Hausgerät zu sehen. Das **Museum auf dem Maxberg** des Solenhofer Aktienvereins zeigt neben den Fossilien aus den Steinbrüchen des Aktienvereins die Verwendung des Solnhofener Steins im Bauwesen und die Anwendung zu Lithographiezwecken.

Das **Bürgermeister-Müller-Museum** im Rathaus von Solnhofen ist eine umfangreiche Sammlung von Fossilien einschließlich eines Archaeopteryx-Originals. Es gibt auch einen kleinen nachgebauten Steinbruch mit Gerät. Auch hier wird die Erfindung des Alois Senefelder gezeigt, der Steindruck, der seit Ende des 18. Jahrhunderts dem feinkörnigen Solnhofer Plattenkalk zu Weltruhm verhalf.

1976 wurde das **Juramuseum** in der Willibaldsburg in Eichstätt eröffnet. Das nach modernsten Gesichtspunkten gestaltete Naturkundemuseum will Einblick vermitteln in die Juralandschaft. Der Rundgang im Museum beginnt bei der allgemeinen Paläontologie; in der Folge wird die Erdgeschichte Nordbayerns dargestellt. Besonders berücksichtigt wird dabei die Entstehung des Nördlinger Rieses. Schwerpunkt des Museums sind die Geologie der Solnhofener Plattenkalke und die darin eingebetteten Funde: vom unscheinbaren Insekt bis zu riesigen Fischen und einem vier Meter langen Krokodil. Das wertvollste Stück ist das Eichstätter Exemplar des Urvogels. Weiter zeigt das Museum Beispiele von Flora und Fauna der Südlichen Frankenalb sowie einen Aquarienraum mit „lebenden Fossilien".

Ebenfalls in der Willibaldsburg untergebracht ist das **ur- und frühgeschichtliche Museum** des Historischen Vereins. Hier sind Knochen und Skelette vorzeitlicher Tiere ebenso ausgestellt wie Funde aus der Römerzeit.

Das **Rieskrater-Museum** in Nördlingen ist im ehemaligen „Holzhofstadel" aus dem Jahr 1503 eingerichtet worden. Bei der

Im Bürgermeister-Müller-Museum in Solnhofen ist der Arbeitsplatz eines Steinbrechers nachgebildet.

Jura-Museum auf der Willibaldsburg Eichstätt

Rieskatastrophe wurde das vorhandene Gestein von der beim Meteoritenaufschlag freigewordenen Energie in unterschiedlicher Weise aufgeschmolzen. Dabei entstand unter anderem das charakteristische Riesgestein, der Suevit. Ganz ähnliches Gestein fanden amerikanische Astronauten bei ihren Untersuchungen auf der Mondoberfläche vor. Daher waren sie auch vor den Starts von Apollo 14 und 17 zum „Üben" ins Ries gekommen.

Von der NASA erhielt das neue Riesmuseum einen „Mondstein", 1972 dem Erdtrabanten entnommen. Der Oberbürgermeister der Stadt Nördlingen holte sich den rund 164 Gramm schweren Brocken selbst in Houston ab. Nun bildet er eine Attraktion im Museum. In Nördlingen kann man jedoch nicht nur „in den Mond" schauen. Geologische Informationen, Proben von Gesteinen und deren Verwendung sowie ein 12,5 Kilogramm schwerer Meteorit und ein Film zur Verdeutlichung der Ries-Entstehung werden gezeigt.

Öffnungszeiten und Adressen der Museen

EICHSTÄTT: **Jura-Museum** in der Willibaldsburg, Naturkundemuseum, Schwerpunkt Geologie der einheimischen Kalke mit den darin eingebetteten Funden, Exemplar des Urvogels (Archaeopteryx), Flora und Fauna der Südlichen Frankenalb, Aquarienraum, Multivisionsschau „Entwicklung des Lebens". Geöffnet vom 1. April bis 30. September von 9 bis 12 Uhr und von 13 bis 17 Uhr (Multivisionsschau 10 Uhr und 15 Uhr), vom 1. Oktober bis 31. März von 10 bis 12 Uhr und von 13 bis 16 Uhr (Multivisionsschau 11 Uhr und 14.30 Uhr)
jeweils täglich außer montags (Oster- und Pfingstmontag geöffnet), Führungen möglich, Tel. (08421) 2956 und 4730
LANGENALTHEIM: **Heimatmuseum**, Versteinerungen, Steinbruchwerkzeug und bäuerliches Hausgerät. Geöffnet samstags, sonntags und feiertags von 10 bis 12 Uhr und von 13 bis 18 Uhr sowie nach Vereinb. mit Friedrich Schwegler, Tel. (09145) 252, Untere Hauptstr. 55, Langenaltheim

MÖRNSHEIM: **Museum auf dem Maxberg** bei Solnhofen, Versteinerungen, Geologie der Solnhofer Platten, Entwicklung des Steindrucks, Verwendung des Plattenkalks im Bauwesen seit der Römerzeit. Geöffnet täglich 8.30 bis 12 Uhr und 13 bis 16.45 Uhr, Führungen ganzjährig auf Wunsch. Auskünfte: Tel. (09145) 411

NÖRDLINGEN: **Rieskratermuseum** in der Vorderen Gerbergasse, Entstehung des Rieses, Mondstein. Geöffnet täglich außer montags von 10 bis 12 und 13.30 bis 16.30 Uhr (außer Neujahr, Faschingsdienstag, Karfreitag, 1. Mai, Allerheiligen, Buß- und Bettag, 24.,25.,26., 31.12. Auskünfte: Tel. (09081) 84143 oder 4380 (Verkehrsamt).

SCHERNFELD: **Museum Bergér**, Harthof, Versteinerungen, Mineralien, Steinverarbeitung. Geöffnet März bis November werktags 13 bis 17 Uhr, sonntags 10 bis 12 Uhr und 13 bis 17 Uhr, sonst n. Vereinb., Führungen auf Wunsch, Tel. (08421) 4663

SOLNHOFEN: **Bürgermeister-Müller-Museum** im Rathaus, Versteinerungen aus dem Plattenkalk, Geologie, Lithographie. Geöffnet 1. April bis 31. Oktober täglich 9 bis 12 und 13 bis 17 Uhr, vom 1. November bis 31. März sonntags 13 bis 16 Uhr sowie n. Vereinb. Auskünfte Tel. (09145) 477 u. 478

TREUCHTLINGEN: Karlsgraben-Ausstellung in Graben. Geöffnet Mai bis Oktober täglich außer dienstags 13 bis 17 Uhr, Führungen bei Voranmeldung im Verkehrsamt, Tel. (09142) 3121.

Versteinerung: Quastenflosser Undina harlemensis

Versteinerung: Schlangenstern Ophiopsammus

Versteinerung: Pfeilschwanz Mesolimulus walchi

Versteinerung: Raubfisch Caturus

Literaturauswahl

Bayerisches Geologisches Landesamt (Hrsg.): Erläuterungen zur Geologischen Karte von Bayern 1: 500 000, München 1981.

Berger, Kurt: Erläuterungen zur Geologischen Karte von Bayern 1:25.000 Blatt Nr. 6931 Weißenburg, München (Bayer. Geol. Landesamt) 1982.

Schmidt-Kaler, Hermann: Erläuterungen zur Geologischen Karte von Bayern 1: 25 000 Blatt Nr. 6932 Nennslingen, München (Bayer. Geol. Landesamt) 1971.

Schmidt-Kaler, Hermann: Erläuterungen zur Geologischen Karte von Bayern 1: 25 000 Blatt Nr. 7031 Treuchtlingen, München (Bayer. Geol. Landesamt) 1976.

Meyer, Rolf K. F., Schmidt-Kaler, Hermann: Wanderungen in die Erdgeschichte. 1. Treuchtlingen Solnhofen – Mörnsheim – Dollnstein, München 1990.

Chao, Edward C. T., Hüttner, Rudolf, Schmidt-Kaler, Hermann: Aufschlüsse im Ries-Meteoriten-Krater, München (Bayer. Geol. Landesamt) 1987.

Meyer, Rolf, Schmidt-Kaler, Hermann: Erdgeschichte sichtbar gemacht. Ein geologischer Führer durch die Altmühlalb, München (Bayer. Geol. Landesamt) 1983.

Zecherle, Karl: Fossilien der Altmühlalb, Eichstätt 1988
Sammelmappe des Juramuseum Eichstätt

Malz, Heinz: Solnhofener Plattenkalk: Eine Welt in Stein, Maxberg 1976. Erhältlich im Museum des Solnhofener Aktienvereins, Maxberg bei Solnhofen.

Geologische Karten:

Bayerisches Geologisches Landesamt (Hrsg.): Geologische Karte des Naturparks Altmühltal/Südliche Frankenalb 1:100 000
Bayerisches Geologisches Landesamt (Hrsg.): Geologische Karte von Bayern 1: 25 000

Erläuterung der Fachbegriffe

Ammonit, Ammonshorn, ausgestorbene Klasse der Kopffüßer. Ein im Meer lebendes Tier mit Schale, verwandt mit dem heute im indischen Ozean vorkommenden Nautilus (Perlboot).
Belemnit, Donnerkeil, Gruppe der Kopffüßer mit innerem kalkigen Gehäuse.
Biostrom, geschichtetes, lagerartiges Gebilde, wie Muschel- oder Korallenbänke.
Brachiopode, Armfüßer, muschelartiges, schalentragendes Tier.
Breccie, Gestein aus eckigen, verkitteten Bruchstücken.
Buntsandstein, unterste Abteilung der germanischen Triaszeit.
coccal, mit Kern.
Denudation, flächenhaft wirkende Abtragung.
Dogger, mittlere Abteilung der Jurazeit.
Doline, trichter- oder schüsselförmige Hohlform, durch Auslaugung und Einsturz in Karstgebieten.
Dolomit, Kalzium-Magnesiumkarbonat. Kalkgesteine können durch Magnesiumaufnahme aus dem Meerwasser in D. umgewandelt werden.
Erosion, linienhafte Abtragung; die ausfurchende Tätigkeit des fließenden Wassers durch Tiefen- und Seitenerosion.
Eutrophierung, Anreicherung von Gewässern mit hohem Nährstoffgehalt. Gegensatz: oligotroph.
Fazies, Gesamtheit aller Merkmale eines Gesteins (chem. Zusammensetzung, Ablagerungsbedingung, Fossilinhalt).
fluviatil, vom fließenden Wasser bewirkt.
Foraminiferen, meist im Meer vorkommende, einzellige Tiere mit ein- oder mehrkammeriger Schale. Zahlreiche Vertreter wirkten gesteinsbildend.
Geoden, siehe Konkretion.
Geomorphologie, Wissenschaft von den Formen der Erdoberfläche, ihrer Prozesse und Entstehung.
Gingko, Klasse der Gymnospermen (Nacktsamer). Baum mit breit keilförmigen, oft zweigeteilten Blättern.
Intraklaste, dunkle Kalkpartikel.

Karst, Gebiet mit wasserlöslichen Gesteinen wie Kalk, Gips oder Steinsalz. Typische Oberflächenerscheinungen durch Auswaschung der wasserlöslichen Gesteine.
Keuper, oberste Abteilung der germanischen Trias.
Konkretion, in einem Gestein durch zirkulierende Lösung entstandener, aus Mineralsubstanz bestehender Körper.
Leitfossilien, sie sind für eine bestimmte stratigraphische Einheit (Schicht, Zone, Stufe u.a.) charakteristisch. Sie dienen zur Parallelisierung von Schichten, wenn sie horizontal weit, vertikal gering verbreitet sind.
Lias, untere Abteilung des Jura.
Malm, obere Abteilung des Jura.
marin, dem Meere angehörig.
Mergel, Lockergestein aus Ton und feinverteiltem Kalk.
Muschelkalk, mittlere Abteilung der germanischen Trias.
Ooid, (Oolith=Eierstein). Aus kugelförmigen Körpern aufgebautes Gestein.
Paläogeographie, Verteilung von Land, Meer, Gebirgen in den einzelnen Epochen der Erdgeschichte.
Periglazial, Gebiete vor dem Eisrand von Gletschern.
Schelf, der unter dem Meeresspiegel liegende Rand der Kontinente. Erstreckung von der Küste bis zum stärker geneigten, nach der Tiefsee hin abfallenden Kontinentalhang.
stratigraphisch, die Stratigraphie untersucht die Aufeinanderfolge von Schichten, ihren Fossilinhalt und ihr Gesteinsmaterial
Stromatolith, Algenkalk, Kalkkrusten und -gebilde, von marinen Blaualgen ausgefällt.
Tethys, seit dem Erdaltertum verfolgbares zentrales Mittelmeer. In äquatorialer Richtung zwischen Afrika und Eurasien. Aus der T. wurden die alpidischen Gebirge aufgefaltet. Heutiges Mittelmeer einschließlich Schwarzem und Kaspischen Meer sind Überreste der T.

VERLAG wek
Walter E. Keller
TREUCHTLINGEN

UNSERE TASCHENBUCHFÜHRER AUS DER GELBEN REIHE:
Wandern an der Altmühl, Lehrpfad-Wanderungen, Bootwandern auf der Altmühl, Radwandern an der Altmühl, (Rad-)Wandern am Kanal, Radwandern Romantisches Franken, Klettern im Naturpark Altmühltal, Fränkische Seen, Die Römer am Limes, Die Römer an der Donau, Naturpark Altmühltal für Naturfreunde, Der Karlsgraben, Naturpark Altmühltal, Ferienlandschaft Hahnenkamm; Römische Therme Weißenburg, Kastell Weißenburg, Archäologische Wanderungen I, II, III, Kirchen in Altmühlfranken, Die Geologie Altmühlfrankens, Kleine Versteinerungskunde, Der Rennsteig, Das Ries, Die Kelten in Bayern

UNSERE TASCHENBÜCHER AUS DER WEISSEN REIHE:
Erzählungen aus dem Altmühlthale, Das Geheimnis des Hohlen Steins, Fränkische Litera-Touren, Im Reichswald, Garten und Gärtla, Der Karlsgraben (Streitschrift), Du Nachbar Gott

DIE BILDERBÜCHER FÜR GROSS UND KLEIN:
Fossi – der kleine grüne Saurier im Naturpark Altmühltal, Witzlige Geschichten, Pacharo

... UND UNSERE GROSSEN TITEL:
Naturpark Altmühltal, Die Altmühl, Altmühltaler Geschichten, Schönes Weißenburg, Der Karlsgraben, Der Karlsgraben und das Treuchtlinger Land, An der Mühlstraße, Eine Wallfahrt nach Maria Brünnlein, Treppen zwischen Tauber, Rezat und Altmühl, Der Hahnenkamm in Franken, Im Dorf daheim, Fränkisches Seenland, Die Erde dürstet, Herr, nach dir, Doch flieg ich wie ein Vogel, Skizzenbuch Südtirol, Erinnerungen an Südtirol

Urlaub pur mit NATOUR®

Die Nummer 1 im Naturpark Altmühltal und im Fränkischen Seenland, zwischen Bamberg und Nördlinger Ries, Rothenburg und Regensburg

RADWANDERN, BOOTWANDERN WANDERN

für Einzelreisende und Gruppen
(Die Termine wählen Sie selbst,
das Gepäck transportieren wir.)

Geführte Touren
Urlaubs-Seminare

NATOUR • Am Schulhof 1 • D-91757 Treuchtlingen
Telefon (09142) 9611-0 Q • Fax (09142) 9611-22